LE CIEL

Conférences instituées par l'Académie impériale de Metz

3e ANNÉE

B. FAIVRE

METZ

IMPRIMERIE DE ROUSSEAU-PALLEZ, ÉDITEUR

RUE DES CLERCS, 19

1866

LE CIEL

LE CIEL

Conférences instituées par l'Académie impériale de Metz

3ᵉ ANNÉE

—

B. FAIVRE

METZ

IMPRIMERIE DE ROUSSEAU-PALLEZ, ÉDITEUR

RUE DES CLERCS, 14

—

1866

LE CIEL

PREMIER DIALOGUE

La scène est dans une jolie campagne, à quelques kilomètres de Metz. Par une belle nuit tiède des premiers jours de l'automne, un vieux Monsieur et une Dame, sa nièce, sont assis sur une terrasse, d'où l'on découvre un horizon étendu et gracieux. Après quelques instants de silence, la Dame prend la parole :

— Mon oncle, le ciel est une bien belle chose !

— Je suis de ton avis, ma fille ; je ne connais rien de plus touchant.

— Le ciel de la nuit, je vous l'avouerai, m'impressionne plus encore que celui du jour : Il est plus riche et plus mystérieux.

— Le ciel du jour est comme un magnifique rideau dans une belle salle de spectacle ; le ciel de la nuit est la scène que le rideau nous cachait. Mais ce rideau a pour nous un grand charme, parce qu'il est fait pour nos yeux, et qu'il resplendit dans la lumière, qui le teint de vingt couleurs nuancées, sans compter les innombrables effets des nuages sur son or, sa pourpre ou son azur. Il faut bien se garder d'en médire.

— Je n'en veux pas médire non plus ; mais il ne fait

pas rêver comme le ciel des nuits, avec son bleu sombre presque noir, avec ses myriades d'étincelles qui semblent douées d'une petite vie et qui disent tant de choses à nos âmes intriguées. Qu'est-ce donc, mon oncle, que les étoiles?

— Je t'ai appris, quand tu étais jeune fille, que ce sont des soleils.

— Voilà ce que j'aurai toujours mille peines à me figurer. C'est si petit! Il en vient si peu de lumière! Comment peut-on comparer ces riens brillants à l'astre magnifique qui nous éclaire et nous échauffe?

— C'est la distance qui te fait illusion. — Écoute-moi. Tu vois bien cette grosse étoile blanche qui brille devant nous avec ce scintillement précipité.

— Laquelle?

— Je vais te guider. Tu connais les *Trois rois*, qui sont là alignés en biais au milieu d'un grand carré un peu long, formé par quatre belles étoiles; eh bien, si tu fais passer en imagination une ligne droite par les *Trois rois*, que les astronomes appellent le *Baudrier d'Orion*, tu rencontres deux autres étoiles remarquables: l'une supérieure qu'on nomme *Aldebaran*, l'autre inférieure qu'on nomme *Sirius*. Y es-tu?

— Oui, je vois Aldebaran et Sirius.

— Eh bien, c'est Sirius que je te montrais, étoile de première grandeur, une des plus brillantes du ciel. Toute belle qu'elle est, tu as de la peine à la prendre pour un soleil. Il faut pourtant que tu saches, non-seulement que c'en est un, mais que c'en est un beaucoup plus gros ou du moins plus éclatant que le nôtre. A défaut d'en pouvoir mesurer les dimensions, on a mesuré l'intensité de sa lumière, et l'on a trouvé qu'elle égale deux cent vingt-quatre fois celle du soleil. C'est-à-dire qu'il faudrait deux cent vingt-quatre soleils comme le nôtre pour donner la même lumière que

Sirius à la distance où est cet astre ; et que, si ce dernier occupait pour nous la place de notre soleil, il nous donnerait deux cent vingt-quatre fois plus de lumière, et vraisemblablement deux cent vingt-quatre fois plus de chaleur. Commences-tu à te faire une idée des distances astronomiques et à comprendre, en raison de ces mêmes distances, que des étoiles peuvent être des soleils ?

— Oui, je commence à le comprendre. C'est singulier, cependant. Je voudrais bien voir notre soleil là où est Sirius ; il nous paraîtrait donc deux cent vingt-quatre fois plus petit. Le verrions-nous encore ?

— On a calculé qu'il nous paraîtrait tout au plus comme une étoile de 6ᵉ grandeur. Il se perdrait pour nous dans cette foule d'imperceptibles étoiles que les meilleures vues ont peine à distinguer, et qu'on ne voit bien qu'à l'aide des instruments.

— Mon oncle, connaît-on la distance réelle des étoiles ?

— On la connaît pour quelques-unes ; Sirius est du nombre. On évalue sa distance du soleil à 32 trillions de lieues. Tu sais qu'un trillion c'est mille milliards, et qu'un milliard c'est mille millions. La Polaire est à 73 trillions : la lumière, qui parcourt 77 mille lieues par seconde, met 50 ans à venir de la Polaire jusqu'à nous, et de Sirius 22 ans. Ainsi le rayon lumineux qui frappe ton œil en ce moment, et qui traverse l'espace avec cette fulgurante vitesse, vitesse telle qu'elle ferait en une seconde sept fois le tour du globe, oui, ce même rayon, il y a 22 ans qu'il a quitté Sirius, et Sirius pourrait être éteint depuis cette époque, que tu le verrais encore comme tu le vois en ce moment.

— Mon oncle, ces chiffres-là me confondent. Je vous avoue même qu'ils m'échappent, mon imagination ne peut pas se les représenter. Mais sont-ils bien certains ? Qui est-ce qui est jamais allé vers le soleil et vers les étoiles pour savoir de combien nous en sommes éloignés ?

— Personne, mon enfant. Mais si tu savais seulement la moitié autant de géométrie que tes petits-fils en sauront dans une douzaine d'années d'ici, je te ferais comprendre qu'on peut parfaitement mesurer des distances qu'on est dans l'impossibilité de parcourir; et, dans le cas particulier, tu ne conserverais pas l'ombre d'un doute sur la réalité des distances astronomiques.

— C'est bien beau! Quel génie n'a-t-il pas fallu pour pénétrer dans ces effrayantes profondeurs, et pour démêler des lois dans une si tumultueuse confusion!

— Tu admirerais encore bien davantage si tu pouvais te faire une idée de la simplicité des méthodes dans leurs principes, et de l'immensité des calculs dans les applications; surtout si, après t'être assurée de la certitude des données de la science, tu pouvais contempler toutes ces magnifiques découvertes qui font de l'astronomie le chef-d'œuvre de l'esprit humain.

— Mon oncle, je voudrais voyager dans les étoiles. Je voudrais voir, de mes yeux, toutes ces merveilles que les savants voient au bout de leurs télescopes.

— Ma chère, je connais ton goût pour les voyages; ta fantaisie ne m'étonne pas. Mais je t'étonnerais bien, moi, si je te disais que ton vœu, quelque étrange qu'il paraisse, est déjà satisfait.

— Que voulez-vous dire?

— Je veux dire que, à l'heure qu'il est, sans t'en douter, tu voyages dans les étoiles, aussi assurément que tu voyagerais en France ou en Allemagne, si tu étais en wagon sur la route de Metz à Paris ou sur celle de Francfort à Berlin.

— Je ne comprends pas.

— C'est cependant bien simple. Tu sais que la terre, sur laquelle nous sommes, malgré son apparente immobilité, est dans un mouvement perpétuel. Je ne parle pas ici seulement de son mouvement diurne, qui la fait pirouetter sur elle-même, et nous donne à croire que le ciel tout entier tourne autour de nous en vingt-quatre heures; je parle surtout de son mouvement annuel, qui nous emporte dans l'espace avec une vitesse de 27 mille lieues à l'heure, et nous fait découvrir successivement, de saison en saison, une multitude de constellations nouvelles; absolument comme nous voyons, en chemin de fer, les villages, les villes, les montagnes, les rivières, les forêts se succéder sous nos yeux, et nous offrir sans relâche une foule de panoramas nouveaux. La comparaison est parfaite. La terre est un immense train de voyageurs, l'écliptique est le railway, les constellations sont les bois et les villages des bords du chemin. La seule différence est qu'on ne sent point de secousses et qu'on n'arrive jamais.

— C'est drôle ! Je n'avais jamais réfléchi à cela.

— Bien d'autres que toi n'y ont pas réfléchi davantage, et ne laissent pas d'être contents d'eux. A plus forte raison ne soupçonnent-ils pas que le soleil lui-même est un gigantesque véhicule qui s'enfonce, à son tour, dans les immensités de l'espace, en entraînant avec lui les cent vingt sphères qui lui obéissent, comme une puissante locomotive entraîne à sa suite toute une armée de wagons chargés de monde et de marchandises. Il en est cependant ainsi. On sait dans quel sens et avec quelle vitesse il se meut, vitesse qu'on n'évalue pas à moins de 120 lieues à l'heure. De sorte que déjà la constellation d'Hercule, vers laquelle il s'avance, s'épanouit et se dilate, comme Paris grossit et s'étend à mesure que nous en approchons, tandis que les constellations opposées se rapetissent et se contractent à l'autre côté du ciel. Nous voyageons donc, non-seulement dans le monde planétaire, mais aussi dans le monde stellaire. En un mot, nous nous promenons à travers les étoiles, nous y effectuons un voyage prodigieux, dont nous ignorons les chemins et la durée, mais qui est aussi certain que celui que nous ferons demain pour retourner à la ville.

— Mon oncle, vous avez juré de me faire tourner la tête ce soir. Mais votre pérégrination à travers les astres ne me satisfait pas. C'est comme si je faisais un voyage en dormant, sans rien sentir et sans rien voir.

— Je te ferai observer, ma chère, que si tu ne vois rien, c'est que tu ne regardes pas ; et que si tu ne sens pas le mouvement qui t'emporte, tu dois en rendre grâce à l'ingénieur qui a construit ton wagon ; car si ce mouvement pouvait t'être sensible comme celui, par exemple, d'une voiture découverte dans laquelle tu serais entraînée par un bon cheval, tu serais immédiatement asphyxiée, brisée, broyée. Cette vitesse dépasse 50 fois celle d'un boulet de canon. 27,500 lieues par heure ; juge !

— Je n'ai pas envie d'en essayer ; mais je serais bien curieuse de connaître un peu les pays que nous traversons.

— Il te suffirait, pour cela, de faire ce que tu fais tout simplement en chemin de fer, c'est-à-dire de mettre tes beaux grands à la portière et de regarder, Lorsque tu ne sais pas le nom d'une ville ou d'un monument que tu aperçois à quelque distance, tu le demandes à tes voisins. Or, tes voisins, quand il s'agit des astres, ce sont les savants qui s'occupent de leur mystérieuse histoire, et qui ne demanderont pas mieux que de t'en instruire. Consulte-les. Ils t'apprendront de si belles et si grandes choses, que tu en seras émerveillée.

— Mais, mon oncle, y pensez-vous ? Moi, apprendre l'astronomie ! Est-ce l'affaire des femmes ?

— Ce devrait être l'affaire de tout le monde. Le Père Gratry, pour qui tu professes une estime qui te fait honneur, ne dit-il pas quelque part : « L'ignorance du public au sujet

de l'astronomie est véritablement étrange. » Et ailleurs :
« ..... Cette science, simple, facile, régulière, lumineuse,
majestueuse et religieuse ; cette science, pleine dans ses
détails du plus puissant intérêt, cette science, modèle des
sciences et chef-d'œuvre de l'esprit humain, non-seulement
n'est pas encore devenue populaire, mais même est absolument inconnue de la plupart de ceux qui ont reçu une
éducation libérale complète. » Pourquoi n'essaierais-tu pas,
à huis clos, d'apprendre un peu ce que tout le monde devrait savoir ? A présent que tu es grand'mère, et que tes
enfants sont placés, pourquoi ne donnerais-tu pas quelques-
uns de ces loisirs dont tu commences à ne savoir que faire,
à l'étude de cette science simple, facile, lumineuse, religieuse, le modèle des autres sciences, le chef-d'œuvre de
l'esprit humain ? Il ne s'agit pas d'ailleurs d'aller passer tes
nuits sur une tour avec une de ces *longues lunettes à faire
peur aux gens,* ni d'ennuyer tes *visites* de Vénus, Saturne
et Mars, *dont elles n'ont point affaire.* Tu te bornerais à feuil-
leter quelques-uns de ces petits traités où l'on met aujourd'hui
la science à la portée des gens du monde ; tu lirais, tu ré-
fléchirais, tu observerais, tu questionnerais discrètement
quelque personne instruite ; tu ferais de temps en temps, à
part toi, l'inventaire de ton petit savoir, et tout serait dit.
Lorsqu'il t'arriverait alors, par quelque belle soirée, d'être
assise sur une terrasse, comme nous le sommes en ce moment, en face d'un ciel splendide, tu n'aurais pas besoin de
ton vieux oncle pour pénétrer dans le secret de toutes ces
magnificences, tu t'y perdrais toute seule ; et tu les admirerais d'autant plus que, dans le silence de ta solitude,
leur sublime auteur te paraîtrait plus grand, plus admirable, plus incompréhensible. N'oublie pas que c'est une
science religieuse.

— De toutes vos raisons, mon oncle, si la chose n'était

pas à peu près impossible, c'est celle-là qui me déciderait. Mais, dites-moi donc, y en a-t-il beaucoup de ces étoiles?

— A la vue simple, nous n'en distinguons guère plus de 2,000 à la fois. Au total, on ne porte pas au-delà de 5 à 6,000 le nombre de celles qu'on peut apercevoir sans le secours des instruments. Mais certains astronomes évaluent à près de vingt millions le nombre de celles que découvre le télescope, d'autres disent cent millions. Au-delà, c'est l'*invisible*, je ne dis ni le néant ni le vide; car, à mesure que les instruments se perfectionnent, on découvre de nouvelles étoiles dont on n'avait aucune idée. N'oublie pas que ces points lumineux, si petits qu'ils te paraissent, et en nombre si prodigieux qu'il soient, sont des soleils, probablement même des soleils incomparablement plus gros que le nôtre.

— Du moins n'y en a-t-il qu'au-dessus de nos têtes; le ciel, c'est ce qui est au-dessus de nous, n'est-ce pas?

— Tu ne me ferais pas cette question, tant soit peu naïve, si tu possédais les notions que le P. Gratry voudrait voir possédées par toute personne qui a reçu une éducation libérale. Il est vrai qu'ici encore les apparences nous trompent, et que l'habitude nous fait concevoir, jusque dans l'immensité de l'espace, un dessus et un dessous; mais c'est une illusion. L'espace s'étend sans bornes autour de nous dans tous les sens, et il est peuplé d'étoiles dans toutes les directions; de sorte que l'hémisphère autral, qui nous est opposé, a ses constellations propres, tout comme l'hémisphère boréal, que nous habitons. La terre qui nous porte, nage dans l'étendue, tout à fait semblable à un ballon suspendu dans l'atmosphère, à cette seule différence près que le ballon a au-dessous de lui une surface solide d'où il s'est élevé et sur laquelle il redescendra, tandis que la terre n'a rien au-dessous d'elle que du ciel et des étoiles, comme elle en a au-dessus et dans tous les sens.

— Ainsi, nous nageons dans le ciel? Nous sommes réellement des habitants du ciel, comme des morues ou des
rougets sont des habitants de l'Océan?

— Parfaitement. Ta comparaison est juste, et tu n'as
jamais rien dit de plus vrai.

— Cela me suffoque. D'abord, mon cher oncle, je ne
m'habitue pas à cette idée de me sentir ainsi en l'air, dans
une sorte de vide où nous n'avons aucune espèce d'appui.
Si nous venions à tomber? Qu'en dites-vous? Ensuite, être
dans le ciel! Y être vivant, en chair et en os, buvant et
mangeant et discourant! Est-ce possible? Et n'est-ce pas
un conte ou un rêve?

— Ce n'est ni un conte, ni un rêve; c'est une incontestable vérité. Et nous serions transportés dans cette magnifique étoile de Sirius, ou sur la resplendissante planète de
Jupiter qui brille là à ta droite, que nous ne serions pas
plus dans le ciel que nous n'y sommes maintenant, bien
tranquillement assis sur ta terrasse.

— Il me faudra du temps pour m'y accoutumer.

— Il en est ainsi de toutes les choses où la raison est
obligée de redresser le témoignage trompeur des sens. Aujourd'hui encore nous avons toutes les peines du monde à
nous figurer que la terre tourne et que le soleil est immobile. Du reste, ton étonnement vient surtout du double sens
que tu attaches au mot *ciel*.

— Comment cela?

— N'est-il pas vrai que quand je t'ai dit que nous étions
dans le ciel, tu t'es figuré que je voulais dire dans le lieu
où Dieu se découvre à ses anges et à ses saints?

— Sans doute.

— Il n'en est rien. Le ciel dans lequel nous voguons de
conserve avec les planètes à travers les étoiles, n'a rien de
commun avec le ciel où les âmes des justes voient Dieu face

à face; et il est de la plus grande importance de distinguer deux choses qui, pour avoir entre elles certains rapports, sont cependant en réalité si différentes.

— J'entrevois ce que vous voulez dire.

— Il y a deux ciels en effet: le ciel des astres et le ciel des âmes, un ciel matériel et un ciel spirituel, un ciel visible et un ciel invisible. Or, c'est du ciel visible que nous parlons depuis une heure, c'est dans le ciel visible que nous nageons et que nous voyageons; et cet étrange voyage dans le monde astronomique nous offre déjà des perspectives assez neuves et assez inattendues, pour que nous n'y mêlions pas les perspectives bien autrement mystérieuses du ciel invisible. Les ignorants confondent ces choses. Pour leur imagination peu éclairée, le ciel des élus est quelque part dans les nuages ou dans l'azur atmosphérique, ou même par delà, mais toujours dans quelque coin de l'espace où il fait bon vivre. Quelques-uns se représentent une sorte de paradis terrestre, un jardin de délices avec de grands arbres, des fleurs épanouies, des fontaines murmurantes, et toutes sortes d'autres belles et bonnes choses qui ravissent les sens; les enfants ne sont pas seuls à rêver ces ciels des *Mille et une nuits*. Mais il faut en laisser la joie à ceux qui ne peuvent pas élever plus haut leur esprit, et l'on doit s'efforcer, si peu qu'on en soit capable, d'échapper à ce matérialisme puéril, qui nuit plus qu'on ne pense à la grande cause de l'immortalité.

— On ne m'a jamais rien dit de tout cela, mon oncle.

— Cela ne m'étonne pas. Ces graves questions sont diffiles et tout enveloppées encore d'épaisses ténèbres. Notre Seigneur lui-même ne nous en a presque rien appris. Il s'est contenté d'affirmer la vie éternelle et la voie qui y conduit, sans dire ni où ni comment elle se passerait; et après Lui les philosophes et les théologiens se sont bornés à quelques données vagues qui nous ont bien peu avancés. Tout ou presque tout est encore à trouver dans ce monde conjectural qui s'ouvre pour nous après la mort.

— Combien cependant il importerait qu'on en sût quelque chose ! Je vous avoue que c'est là ma grande curiosité et mon grand souci.

— C'est le souci de bien d'autres, quoique le bon Père Gratry, que j'ai plaisir à te citer, s'étonne douloureusement que si peu de personnes songent à l'éternité. Tu connais le passage : « Qui donc s'occupe de l'âme et de son avenir?.. Oh ! quand saurons-nous méditer et voir ou croire? Quand aurons-nous la foi dans la continuité de la vie que Dieu donne, dans l'inébranlable stabilité de son œuvre, et dans son idéale beauté? Quand saura-t-on lire ces promesses dans la raison et dans la foi ? Quand aura-t-on la force de croire ou la puissance de voir que le terme idéal des choses est et doit être, entre toutes les réalités, incomparable en certitude comme en beauté?.... » Et il a raison, ce grand esprit : on a souci de la mort, parce qu'il faudra quitter la terre ; mais on a bien peu souci de l'éternité, à laquelle la mort seule peut nous conduire. Peu de gens, très peu de gens s'occupent sérieusement de l'âme et de son avenir. J'ai pensé quelquefois que cette inconcevable indifférence à l'égard de l'éternité tenait en grande partie aux notions incomplètes et vagues que nous en avons, et à la confusion que nous faisons entre le ciel des élus et le ciel des étoiles. D'une part, nous nous obstinons à chercher le paradis dans l'espace, au-dessus de nos têtes ; de l'autre, à mesure que l'astronomie nous donne la topographie du ciel, nous perdons l'espérance d'y trouver le divin séjour que nous rêvons. De là, vraisemblablement, la faiblesse de notre foi dans *la continuité de la vie que Dieu donne*, et notre funeste attache à la vie présente, comme si elle était tout. C'est un très grand malheur.

— Mais que dites-vous, mon oncle, de cette grande sphère creuse que le P. Gratry compose de la matière agglomérée de toutes les sphères célestes, et où il enferme pour l'éternité les âmes des bienheureux ?

— Je dis qu'il ne croit pas beaucoup lui-même à la réalité future de ce singulier paradis ; et que, dans tous les cas, son erreur, si erreur il y a, vient de ce qu'il a voulu donner un *lieu* à l'immortalité.

— Vous pensez donc, vous, mon oncle, que le Paradis n'est nulle part ?

— Je ne dis pas cela, ma fille. Je dis seulement qu'il y a danger à chercher le lieu de l'immortalité et à se le figurer matériellement. Si tu m'as compris tout à l'heure, tu dois entrevoir mes raisons ; et tu en sentirais bien mieux la force si tu te faisais une idée plus exacte du monde astronomique, dont je ne t'ai dit qu'un mot encore.

— Il faut cependant bien, mon oncle, que quelque chose soit quelque part. Comment entendez-vous qu'il y ait des élus, et qu'il n'y ait pas un lieu où ces élus passeront leur éternité ?

— *Le Paradis*, nous enseigne saint Augustin, *est partout où l'on est heureux.* « Jésus-Christ, dit à son tour l'abbé Bergier dans son dictionnaire de théologie, Jésus-Christ nous a dit, à la vérité, que notre récompense est dans le ciel ; mais *le ciel n'est point une voûte solide*, nous ne le concevons que comme un espace vide et immense dans lequel roulent une infinité de globes, ou lumineux ou opaques. Puisque l'âme de Jésus-Christ jouissait de la gloire céleste sur la terre, *ce n'est pas le lieu qui fait le Paradis ;* et puisque Dieu est partout, il peut aussi se montrer partout aux âmes saintes, et partout les rendre heureuses par la vue de sa propre gloire. Il paraît donc que *le Paradis est moins un lieu particulier qu'un changement d'état*, et qu'il ne faut pas

s'arrêter aux illusions de l'imagination, qui se figure le séjour des bienheureux comme un lieu habité par les corps. »
Tu le vois, je ne suis pas le seul à penser que le ciel est
autre chose qu'un bel endroit où l'on se représente les justes
dans la joie, comme les ombres des héros dans l'Elysée des
Grecs. « Le ciel, dit formellement Bossuet lui-même, c'est
de voir Dieu éternellement tel qu'il est, et de l'aimer sans
pouvoir le perdre jamais. » Il est donc bien clair que si,
comme on ne peut en douter, les élus doivent être quelque
part, puisqu'il faut toujours qu'un être ait un lieu, ce n'est
pas ce lieu, quel qu'il soit, qui constitue *le Paradis, le ciel*,
mais bien l'état dans lequel sont les élus, le bonheur dont
ils jouissent. Ce lieu peut être partout, comme l'affirment
saint Augustin, Bossuet, Bergier, par conséquent il est pour
le moins inutile de le chercher ; et j'ajoute qu'il y a péril à
le faire, parce que la difficulté de se fixer à cet égard pourrait faire douter de la félicité éternelle réservée à ceux qui
auront bien vécu. Selon moi, je le répète, c'est à cette imprudente recherche et à cette antique préoccupation du
lieu qu'il faut attribuer la froideur de nos convictions au
sujet de l'immortalité.

— Ainsi, mon oncle, le Paradis, ce n'est pas un lieu,
c'est un état ?

— Tu l'as dit. C'est un état, c'est une félicité, c'est une
vie ; le lieu en peut être partout. Observe cependant que
partout c'est quelque part, conséquemment dans le domaine
indéfini de l'espace, car en dehors de l'espace il n'y a point
d'espace. C'est donc dans cette étendue sans limites où
nous contemplons ensemble ces myriades de mondes brillants, qu'il le faut croire à la vie éternelle. C'est là qu'elle
s'écoulera, sans que nous puissions former à cet égard le
moindre doute. L'endroit précis n'y fait rien ; l'essentiel,

c'est la certitude de la chose, et cette autre certitude que l'espace est à nous. Cette fois es-tu satisfaite ?

— Oui, mon oncle, votre double certitude me fait du bien. Elle affermit ma foi, souvent un peu chancelante, et rend à mon esprit sa sérénité, que votre astronomie avait bien troublée quelque peu. J'ai plaisir à vous voir cette ferme confiance dans la perpétuité de l'être que Dieu nous a donné, et je suis heureuse de pouvoir continuer à lever mon regard en haut quand je pense à l'éternité.

— Ici, mon enfant, ton instinct ne te trompe pas. C'est véritablement en haut que nous devons chercher, non-seulement le lieu, mais la réalité même de la félicité éternelle. La vie a deux pôles diamétralement opposés: ces deux pôles sont le bien et le mal. Or, pour atteindre le premier, il faut nécessairement s'élever ; pour aller vers le second, il suffit de descendre, de se laisser tomber. Donc, tandis que le mal est en bas, le bien est en haut, et il n'y a de bonheur que là où est le bien. Voilà pourquoi tu as mille fois raison de regarder en haut quand tu songes à l'éternité; on n'y parvient qu'en s'élevant. Tu comprends bien, d'ailleurs, que l'élévation dont je parle, c'est l'élévation morale. C'est ton âme qu'il faut élever, et non pas seulement ton regard.

— Je comprends, mon oncle, je comprends et j'admire cette belle doctrine, qui répond aux meilleures aspirations de mon cœur. Oui, le ciel, le ciel des âmes est en haut, comme cette portion du ciel des astres que nous voyons est au-dessus de nos têtes ; et, quel que soit le lieu de l'espace où Dieu nous réserve le prix de nos combats, nous nous y rendons dès ce bas monde, nous y dirigeons notre essor, à partir d'aujourd'hui si nous le voulons, à la condition seule de nous élancer généreusement vers le bien. Qu'y a-t-il de plus beau et de plus consolant ? Il suffit donc d'être bonne pour être assurée d'une petite place dans la bienheureuse

éternité, dont ce ciel étoilé nous est comme un symbole !
Quel ravissement !

— Tu l'as dit, s'élever, aller au ciel, c'est être toujours
meilleure ; et être toujours meilleure, c'est être toujours
plus heureuse. Je ne connais rien de plus vrai ·que cela.
Mais conçois-tu bien la force, le charme de ce mot : *toujours
meilleure ?*

— Il me le semble. Je lui trouve je ne sais quoi de touchant qui me fait presque pleurer.

— Je le rencontrai un jour exprimé en grec sur une
pierre gravée qui servait de cachet à une jeune dame.
C'était sans doute quelque bon vieux parent qui lui avait
laissé cet ingénieux souvenir. Pour moi, j'en conservai
l'empreinte sur de la cire, et j'en fis une maxime à mon
usage. Je savais qu'il n'y a que *Dieu seul qui soit bon ;* mais
je savais également que, si l'homme n'est pas bon par essence comme Dieu, il peut croître en bonté, il peut devenir
toujours meilleur, quel que soit son point de départ, et
approcher indéfiniment de la divine bonté sans y atteindre
jamais. C'est ainsi que je composai ma devise de ces deux
mots charmants, et que je la proposai dans la suite à toutes
les âmes que j'aimais. Ne te l'ai-je pas donnée à toi-même ?

— C'est possible ; mais jusqu'ici je n'en ai pas senti l'excellence comme je la sens en ce moment.

— Les grandes paroles ont leur temps comme les grands
hommes. Celle-ci est peut-être appelée dans l'avenir à une
belle destinée. Il y a des gens qui pensent que le bonheur
du ciel est un bonheur croissant, qui croient conséquemment à l'amélioration indéfiniment croissante de l'âme. C'est
une nouveauté sans doute ; mais on la découvre déjà, çà et
là, parmi les penseurs, les poètes, les théologiens eux-
mêmes, et tout porte à croire qu'elle fera du chemin. M. de
Laprade l'exprime dans ces beaux vers :

> Commençons par les morts, et demandons pour eux
> *L'active* paix du ciel, *l'essor* des bienheureux ;
> Qu'emportés à jamais dans les sphères bénies,
> Ils volent *plus au fond* des saintes harmonies ;
> Que, dans le sein du Père, *ils montent chaque jour*
> *Plus haut dans la lumière et plus haut dans l'amour.*

Tu le vois, toujours plus éclairés, toujours plus aimants ; partant *toujours meilleurs.* Le docteur Channing dit à son tour: « Quand je vois combien de travail est exigé de l'homme, je sens que cela doit avoir des rapports avec la vie future ; et que celui qui profite à cette école a posé l'un des fondements essentiels *des progrès,* des efforts et du bonheur qui l'attendent dans le monde à venir. » Puis voici un homme de science et de cœur, récemment enlevé à l'étude de la philosophie religieuse : « Entraînés, dit-il, par la grâce qui, d'accord avec leurs propres tendances, rayonne en eux souverainement, les bienheureux n'aiment que ce qu'aime Dieu, et ne connaissent désormais d'autre destinée que *toujours monter* sans jamais choir. Moralement parlant, *c'est une assomption infinie qui fait le ciel.* » Voici venir, d'autre part, un théologien de ma connaissance, excellent homme, plus explicite encore que tous les autres : « Je suis convaincu, dit-il dans une lettre où il m'expose tout au long sa doctrine, je suis convaincu comme d'une chose absolument certaine, que, dans les profondeurs ineffables de Dieu, il y a *perpétuel et ravissant progrès* vers une lumière sans fin, vers un bien sans mesure, vers les sources intarissables de la vie. Cela est indubitable pour moi. Aussi, au lieu de voir l'immobilité de la mort dans les espaces de la gloire, au sein d'un Dieu infini en tous sens, j'y admire et j'attends avec certitude les joies *perpétuellement progressives* de la vue de la vérité et de la beauté, de l'amour de la beauté et du bien, de la possession proprement dite de la vie vraie. »

Ainsi, *toujours meilleur et toujours plus heureux* dans l'infinie durée des siècles, telle serait la devise du ciel comme c'est déjà celle de la terre, si ces éminents esprits sont dans le vrai. Selon eux, le bonheur éternel ne consisterait pas dans une immobile et oisive contemplation, mais dans un perpétuel progrès de sainte activité et de félicité ineffable. Du reste, leur opinion est d'accord avec l'idée que nous nous faisons de *la vie* en général; car par ce mot de *vie* nous entendons quelque chose qui se meut, qui grandit, qui progresse, et nous ne pouvons en aucune façon l'entendre autrement. Comment la vie éternelle, la *vie vraie*, dont celle-ci n'est que l'ombre, serait-elle dénuée d'activité, de mouvement, d'accroissement? Il y aurait contradiction.

— Quel dommage que ce ne soit encore qu'une opinion!

— Cela ne s'enseigne pas en effet; mais la doctrine de la *vie croissante* gagne du terrain dans le domaine de la science et dans celui de l'histoire. La géologie nous montre le globe passant de la vie minérale à la vie organique, puis de la vie organique à la vie morale: ce qui constitue une incontestable série d'accroissements. L'histoire, à son tour, nous montre tous les degrés de la civilisation franchis successivement par l'humanité, depuis l'état primitif qui a précédé les patriarches, jusqu'à l'état social que nous observons chez les peuples les plus avancés: nouvelle série de progrès, qui, s'ajoutant à la première, forme une sorte de chaîne sans fin dont le premier anneau se perd dans un impénétrable lointain, et dont la suite est l'inconnu de l'avenir. Pourrions-nous voir là autre chose que le plan divin lui-même? Et dès lors n'y a-t-il pas bien des raisons de penser qu'il en doit être après comme il en a été avant? Que la vie, qui a toujours crû jusqu'à nous, continuera de croître après nous? Ou plutôt que nous croîtrons nous-mêmes indéfiniment, si nous appartenons vraiment à la vie, non à la mort? Cela ne s'enseigne pas précisément, mais cela se sent de toutes parts. Et l'on peut même dire que cette doctrine de la vie croissante devient un des plus fermes appuis de la croyance à l'immortalité. L'âme, en contemplant ce grand courant de vie, qui, semblable à un fleuve, s'accroît en marchant, ne peut plus croire à la mort. La vie éternelle s'ajuste si rationnellement à la vie morale surnaturelle, greffée elle-même sur la vie morale naturelle, comme celle-ci sur la vie animale et végétale succédant à la simple vie minérale, qu'on ne peut plus concevoir un terme à ce magnifique enchaînement, et que la vie éternelle ne peut plus être conçue que comme un éternel progrès. Cependant je dis comme toi, ce n'est encore qu'une opinion toute philosophique, qui n'a nullement la force d'un dogme. Seulement, c'est une opinion bienfaisante, pleine de consolations et d'encouragements, qui serait peut-être de nature à éveiller dans les âmes le salutaire amour du ciel. Dans tous les cas, notre chère devise en est le chemin : C'est en nous efforçant d'être toujours meilleurs que nous parviendrons à être éternellement heureux.

— Mais il me semble, mon oncle, à le bien prendre, que si nous faisions de notre devise une réalité, nous serions mieux que sur le chemin du ciel, nous aurions déjà un pied dans le ciel même. Est-ce que les saints n'avaient pas trouvé, littéralement, le ciel sur la terre ?

— Cela est vrai en un sens, mais il ne faut rien exagérer ni rien confondre. On peut trouver le paradis sur la terre assurément; mais il ne faut pas oublier que le paradis terrestre peut se perdre, tandis que le paradis céleste ne se perd jamais; l'un est précaire, l'autre est assuré, et celui-ci on l'aura pour toujours.

— Je vous entends, mon oncle, c'est le chemin, c'est seulement le chemin ; mais si nous persévérons, ce chemin aura été pour nous comme l'avenue du château, qui fait partie du château même, et notre éternité aura réellement commencé sur la terre. Le tout est de persévérer.

— Cela est tellement vrai qu'à cette condition nous pourrions, nous devrions peut-être nous considérer dès ici-bas comme des anges de Dieu. Qu'est-ce que des anges? Des envoyés, des mandataires, des chargés de mission. Et qu'est-ce que ce globe que nous habitons? Un astre, une étoile du ciel, où nous sommes envoyés pour y faire régner la paix, l'union, le bonheur. Chacun de nous y a réellement une mission à remplir. En quoi différons-nous des anges proprement dits? En cela uniquement qu'ils sont de purs esprits, et que nous sommes des esprits unis à des corps. Mais, comme eux, nous sommes dans le ciel, et comme eux nous avons une mission divine. N'as-tu jamais pensé à cela?

— Jamais.

— Tu as cependant lu ton Père Gratry. Eh bien, voici ce qu'il dit quelque part : «.... Si l'on considérait ce petit astre que nous habitons comme une petite étoile dans l'immense assemblée des mondes ; et nous, hommes libres et intelligents, si nous osions nous reconnaître comme *des anges* — et c'est ce que nous sommes — comme des anges envoyés par le Père pour conquérir et pour cultiver cette étoile ; si nous osions comprendre qu'il nous l'a donnée à dompter, à constituer, jusqu'à ce qu'elle devienne le marche-pied de Dieu, par lequel puissent monter des millions d'êtres libres vers l'absolue beauté morale, vers l'ineffable béatitude de l'amour éternel ; grand Dieu ! si nous savions voir ces réalités magnifiques, ah ! ne serions-nous pas alors presque toujours, et presque tous, délivrés de cette vie timide que mènent les hommes, délivrés comme l'enfant qui, cette nuit, tout seul et dans l'obscurité, mourait de peur, mais qui en ce moment ne pense même plus à sa frayeur, parce qu'il se retrouve en plein jour, et qu'il tient son père par la main ! » Tu le vois, d'après l'opinion de ce bon et savant religieux, nous sommes réellement des anges, et nous sommes réellement dans le ciel, où nous avons une mission à remplir. Chacun de nous a reçu son mandat et sa part de travail dans la conquête et la culture de l'astre qui nous a été livré par le souverain dispensateur et ordonnateur des mondes. Je ne l'invente pas, le P. Gratry le dit formellement. Et en effet, si beaucoup d'entre nous sont médiocrement fidèles à la mission qu'ils ont reçue, si quelques-uns même la méconnaissent et la foulent aux pieds, il en est qui la remplissent avec un infatigable zèle. Dis-moi, ne penses-tu pas qu'un saint François de Sales, qu'un saint Vincent de Paul ont été de vrais anges sur la terre ?

— Mon bon oncle, il me semble que dans ce moment vous êtes auprès de moi un de ces anges envoyés de Dieu vers leurs frères pour leur bien. A mesure que je vous écoute, il se fait dans mon âme une lumière, vive et calme à la fois, qui me fait aimer d'un meilleur amour et Dieu, et mes frères, et le monde. N'est-ce pas là principalement le doux office des envoyés célestes ?

— Oui, assurément ; mais ce que je suis là pour toi, tu l'es ou tu peux l'être pour d'autres. Tu es un ange aussi, en ce sens que tu as été mise sur la terre pour la mission vraiment divine de faire le bien, le bien qui réalise l'ordre dans l'univers, et qui est l'unique fin de tout. Si je te fais du bien en ce moment, que Dieu en soit béni, je suis un ange fidèle. Si je te faisais du mal, si j'obscurcissais ton esprit, si je corrompais ton cœur, je serais un ange infidèle, d'autant plus coupable que je ferais servir à la perte des dons plus excellents.

— Vous êtes un bon ange, mon oncle, vous me faites un bien infini. Oui, tout cela est beau ! Mais dites-moi, Dieu n'a-t-il envoyé de ces anges revêtus de corps que sur la petite étoile que nous nommons la terre ? Ces innombrables mondes que nous avons là-haut sous nos yeux, n'ont-ils pas leurs anges aussi ? Sont-ils déserts, sont-ils peuplés ?

— Voilà, ma fille, une grande question ; les philosophes se la posent depuis des siècles, aucun d'eux ne l'a encore résolue, quoique presque personne n'en fasse l'objet d'un doute aujourd'hui. Tant qu'on n'a vu dans les étoiles que des points brillants attachés à ce qu'on appelait la voûte céleste, l'idée n'est venue à personne de supposer dans l'univers d'autres êtres animés que l'homme terrestre et les animaux, ses humbles compagnons. Mais du jour où l'on a su positivement que les planètes sont des terres, et que les étoiles sont des soleils semblables au nôtre, autour desquels circulent à leur tour d'autres planètes, c'est-à-dire d'autres terres, et cela sans nombre, il n'a plus été possible de se représenter ces multitudes de mondes vides et désertes. On les a forcément peuplées d'êtres inconnus, mais certains, avec lesquels nous avons, selon toute vraisemblance, les plus frappantes analogies.

— Ainsi, vous, mon oncle, vous croyez qu'il y a des hommes dans la lune ?

— Je ne dis pas cela, j'en doute fort au contraire ; mais ce que je crois, c'est qu'il y a, ou qu'il peut y avoir, dans Mercure, dans Vénus, Jupiter ou Saturne, et dans tous les mondes analogues, non-seulement des êtres vivants, mais des êtres doués de raison, intelligents et libres comme nous, capables comme nous de connaître, d'aimer et de servir Dieu. Cela, je le crois de toutes mes forces, parce que je ne puis me figurer que Dieu, de tout son immense univers, n'ait voulu être connu, aimé et servi que sur notre pauvre petite planète : cela est tout à fait contraire au sens commun. Il est absolument dans la nature de l'Être aimant par excellence, de l'Être qui est l'amour même, de vouloir être aimé, et conséquemment connu et servi. D'où il est impossible de ne pas conclure qu'en répandant à profusion, dans l'espace, des sphères solides et habitables, il les a destinées à porter la vie et l'amour, à servir de séjour à des créatures douées de l'intelligence et de la liberté, qui fussent des fils et des filles pour sa divine paternité. Voilà ma foi ; il faudrait des raisonnements bien concluants et bien forts pour me l'enlever.

— Encore une croyance, mon oncle, qui élève l'âme et qui épanouit le cœur !

— C'est le propre de tout ce qui est vrai. Il est doux à l'âme, en effet, de sentir l'univers peuplé. Le vide nous pèse et nous glace. « Ce qui me touche le plus dans le brillant spectacle des nuits, dit un de nos penseurs modernes, ce n'est pas l'éclat de ces masses puissantes, ni les prodigieuses distances qui les séparent l'une de l'autre, ni leur entassement, ni les durées incomparables de leurs révolutions, ni même la merveille de ces pâles nébuleuses suspendues dans les déserts de l'abîme, et dont chaque poussière est un monde : c'est la présence des âmes que réunissent autour d'eux ces innombrables foyers. Je ne puis distinguer les populations, mais je vois les fanaux qui les rallient, et j'admire que les rayons que nous percevons ici soient aussi les rayons qui éclairent tous ces frères célestes. Nous respirons tous ensemble dans la même lumière. Les scintillements des étoiles me sont comme une image des regards qui se croisent de toutes parts dans

l'espace, et dont les plus clairvoyants descendent vraisemblablement jusqu'à nous et nous observent. Grâce aux
révélations de la nuit, nous sommes en mesure de comprendre au juste où nous sommes : l'immensité s'anime,
et, sous la figure des astres, nous découvrons l'auguste
assemblée des créatures assise en cercle, sous nos yeux,
sur les gradins infinis de l'amphithéâtre de l'univers. Comment n'être pas agité au fond de l'âme, à l'idée de tant
d'êtres inconnus et inimaginables qui nous environnent,
partageant avec nous le même temps, le même espace, le
même être, et, sous la main du même souverain, se préci-
pitant, à travers les tumultes variés de la vie, vers la même
fin ? Que d'organisations diverses ! Que de destinées ! Que
d'alternatives de biens et de maux ! Que d'épreuves ! Que
de passions en mouvement ! Que d'élans ! Que de déses-
poirs ! Que d'adorations et de prières ! Dans l'apparente
immobilité des constellations, quel effrayant fourmillement !
Ce ne sont pas seulement les jugements de Dieu qui se
prononcent, comme dans la vallée de Josaphat ; ce sont
les jugements de Dieu qui s'accomplissent ! » Celui-là, mon
enfant, pas plus que ton oncle, ne croyait la création un
désert ; il ne pouvait se résoudre à voir, autour de ces
innombrables sphères rayonnantes, circuler des armées de
sphères opaques, arides et stériles, tournant pour tourner,
existant pour exister, sans rien de plus ni rien de moins, à
l'exception d'une seule, perdue dans l'immensité, si petite
qu'il en faudrait quatorze cent mille semblables pour équi-
valoir à son soleil. Non, il ne pouvait pas admettre cela, et
dès-lors, dans un élan sublime de foi, il se représentait
toutes ces populations nécessaires en communication entre
elles et avec nous sur les gradins infinis de l'univers. Tu
l'as entendu lui-même, et je ne doute pas que tu n'aies
senti l'émouvante poésie que ces mystérieuses réalités
éveillent dans les âmes.

— Oui, j'ai trouvé cela bien beau, je ne saurais le nier ; et ici encore je regrette que ce ne soit non plus qu'une opinion. Mais dites-moi, mon oncle, n'y a-t-il là rien de contraire à l'enseignement de l'église ?

— Je te tromperais si je te laissais croire que les théologiens ne se sont jamais émus de cette grosse question de l'habitabilité des sphères célestes. Elle a été maintes fois agitée, et résolue, tu le conçois, en sens divers ; mais elle est restée dans le domaine des opinions, et l'on est parfaitement libre de l'adopter ou de la rejeter. Voici ce qu'en disait, du haut de la chaire de Notre-Dame, le Père Félix, dans une de ses conférences du carême de 1863 : « Vous voulez absolument trouver, dans les étoiles et les soleils, des frères en intelligence et en liberté, et, comme le disent certains génies qui prétendent à la vision intuitive de tous les mondes, vous voulez saluer de loin, à travers les espaces, des sociétés et des civilisations astronomiques, soit. Si vous n'avez d'autres raisons pour briser avec nous, rien ne s'oppose à ce que nous ne vous tendions la main, et à ce que vous ne nous tendiez la vôtre. Mettez dans le monde sidéral autant de populations qu'il vous plaira, sous telle forme et à tel degré de température matérielle et morale que vous voudrez l'imaginer ; le dogme catholique est ici d'une tolérance qui va vous étonner : il vous demande seulement de ne pas faire de ces générations sidérales une postérité d'Adam, ni une postérité du Christ...... Veut-on absolument que les planètes, les soleils, les étoiles aient leurs habitants, capables comme nous de connaître, d'aimer et de glorifier le Créateur ? J'ai hâte de le proclamer, le dogme n'y répugne pas ; il ne nie ni n'affirme rien sur cette libre hypothèse. » Tu le vois, ma fille, malgré le ton ironique et légèrement dédaigneux de cette solennelle déclaration, il est parfaitement permis de penser que les

sphères célestes sont habitées, et habitées par des êtres
capables de connaître, d'aimer et de servir le Créateur.
Cela n'est pas enseigné, mais cela n'est pas condamné :
c'est une *libre hypothèse* dont chacun peut faire ce qu'il
lui plaira.

— Vous, mon oncle, vous l'admettez comme une chose
tout à fait vraie ?

— Je verrais de mes yeux ces populations célestes, que
je n'y croirais pas davantage. Comme j'admets d'ailleurs
que, s'il y en a de moins avancées que nous, il y en a
certainement qui nous laissent bien loin derrière elles, il
m'est doux de penser que Dieu est aimé et servi par de
nobles créatures, qui le dédommagent des hommages impar-
faits des créatures inférieures. L'idéal de perfections intel-
lectuelles et morales que nous rêvons est ainsi réalisé
quelque part dans la création, il existe en toute certitude,
et nous pouvons hardiment l'ambitionner. A nous de grandir et de nous élever dans le champ de la perfection ; ce
champ est sans limites, et si nous avons au-dessous de
nous des frères pour qui nous sommes un sujet d'ému-
lation, en revanche nous en avons au-dessus dont l'existence certaine et positive, quoique inaperçue, ne peut
que nous remplir d'ardeur pour entrer et avancer dans
la voie où ils nous ont précédés. Ici encore notre devise :
Toujours meilleurs ! Elle résume la loi universelle des êtres
doués de l'intelligence et de la liberté.

— Que de raisons pour être bonne, mon pauvre oncle !
Cela donne bien à penser. Les étoiles elles-mêmes nous
font la leçon. Oui, nous sommes bien coupables quand
nous tenons paresseusement nos ailes ployées, et que nous
nous traînons sans courage parmi tous les riens dont nous
prétendons faire ici-bas notre félicité. Nous sommes faits
pour voler, et nous rampons !

— Cela est vrai, nous sommes de lourdes et lentes créatures. Il ne faut pas cependant être injuste. Malgré notre incontestable lenteur, nous avons fait du chemin, grâce à Dieu, et nous en ferons encore : l'histoire est là pour l'attester. Mais il est certain que la contemplation du ciel, sous quelque aspect qu'on l'envisage, est un des ressorts les plus capables de nous lancer vers les hauteurs de la vie. Le ciel invisible, vois-tu, comme le ciel visible, c'est l'infini, c'est l'harmonie, c'est la beauté. Le ciel des astres est un immense foyer de vie, et de vie hiérarchisée, dans lequel nous avons notre place, notre rang. C'est une innombrable assemblée d'âmes dont Dieu est le principe et la fin, et qui gravitent toutes avec des vitesses diverses vers ce commun et adorable centre. C'est une lice universelle où est disputée par des milliards de concurrents la palme bénie de la bonté et de l'amour, et où le triomphe de l'un, loin de nuire au triomphe de l'autre, multiplie au contraire les efforts des combattants et les couronnes des victorieux. Partout, à qui sera le meilleur et à qui sera le plus heureux ! C'est là toute l'histoire de ce beau ciel étoilé dont l'éclat nous ravit, quoique nous n'en voyions qu'une légère surface, et qui nous jetterait dans de bien autres transports, si, après avoir pénétré dans les merveilles de sa constitution physique, nous pouvions entrevoir les incomparables beautés de la vie morale dont il est le support. Oui, le ciel des astres, si nous en comprenons le vrai sens, est un océan de saintes et salutaires méditations ; et l'on s'explique, en y pensant, l'instinctive émotion que nous éprouvons tous en présence de ce mystérieux spectacle. Quant au ciel des âmes, que t'en dirai-je ? Celui-ci n'en est que l'image, mais il nous en fait concevoir les harmonieuses splendeurs. Dans le ciel visible les âmes tendent vers Dieu, dans le ciel invisible elles sont unies à Dieu. Dàns le premier elles le cherchent, dans le second elles l'ont trouvé et elles n'en seront jamais séparées. Dans le monde des étoiles les âmes ont la vie, mais une vie disputée qu'elles peuvent perdre ; dans le monde de la félicité éternelle elles ont la vie pleine et assurée, la vraie vie, qui peut grandir mais non diminuer, et dont elles jouiront sans crainte d'en être privées jamais. Dans l'un et dans l'autre, aller librement vers Dieu, grandir en lui indéfiniment, mener avec lui la création tout entière à sa fin, connaître toujours davantage, aimer toujours plus, jouir sans mesure et sans terme : telle est la perspective qui s'ouvre devant nos âmes recueillies lorsque nous portons sur le ciel le regard de la foi. Pour nos yeux distraits, comme pour ceux de l'animal, le ciel des nuits est une simple illumination ; pour nos cœurs dirigés en haut par l'attrait divin, c'est une inépuisable source de pensées sereines qui poussent au bien dans toutes les directions. T'attendais-tu, ma fille, lorsque nous nous sommes assis sur ce banc pour y respirer la fraîcheur du soir, que ton admiration pour le doux éclat des étoiles nous mènerait si loin ?

— Non assurément, mon oncle ; mais je ne regrette pas de vous avoir mis sur ce chapitre, quoique ce ne fût aucunement de dessein prémédité. Car je sais, par expérience, qu'il fait bon penser avec vous. Dans les entretiens que nous obtenons de votre complaisance, Dieu est toujours en tiers, ce qui leur donne un charme singulier plein de douceur et de gravité. Seulement, c'est chose rare de vous avoir ainsi à sa discrétion ; vous ne vous prodiguez pas, même avec vos nièces.

— Mon enfant, tu attacherais moins de prix à ces simples épanchements, si, de mon côté, j'en étais moins avare. Avant de parler, il faut penser ; et il faut penser beaucoup et longtemps, pour donner de la substance et de la saveur à sa parole. Voilà pourquoi tu me vois si jaloux de mes longues heures de silence et de solitude. Avant d'avoir l'ambitieuse prétention d'éclairer tant soi peu les autres, il faut préalablement s'éclairer beaucoup soi-même. Descartes était moins pressé de se faire des disciples que d'en mériter. On ne saurait qu'approuver une si louable modestie. Et encore y a-t-il je ne sais quel secret orgueil dans cette éventualité d'en venir à *mériter des disciples;* il me semble que le sage devrait être si humble en présence de la vérité, qu'il jugeât assez pour lui d'en venir à la voir et à la saisir, sans aller jusqu'à s'en faire l'organe et le dispensateur.

— A ce compte, mon bon oncle, personne ne devrait jamais oser ouvrir la bouche. Et où donc en seraient les pauvres ignorants, comme moi et tant d'autres que vous savez, si vos scrupules étaient partagés par tous les hommes d'étude ? Est-ce que Dieu entend qu'on mettra ainsi la lumière sous le boisseau ?

— Quand Dieu donne la lumière, ma fille, il n'entend pas, en effet, qu'on la mette sous le boisseau. Il veut au contraire qu'on en rende participant le reste des hommes, en vue de qui il l'a donnée à quelques-uns. Celui-là serait criminel qui aurait en sa possession la vérité, et qui la retiendrait un seul jour captive dans le secret de son âme. Mais un tel égoïsme est rare, tandis qu'il n'y a rien de si commun que l'empressement de parler. Ce défaut-là a été le mien longtemps. Je saisissais une idée, une opinion, une doctrine. Vraie ou fausse, il n'importe, je m'en emparais ; puis je la soutenais, je la prêchais, je m'obstinais à la faire triompher, ne soupçonnant pas qu'avant de me donner tout ce mouvement, j'aurais dû préalablement m'assurer si ce n'était pas une erreur, et une déplorable erreur, dont je me faisais l'imprudent apôtre. L'âge m'a un peu corrigé. Aujourd'hui, c'est l'amour, c'est le besoin de la vérité qui me passionne ; ce n'est pas d'instruire les autres que je me sens pressé, c'est de m'instruire moi-même ; et l'illusion dans laquelle j'ai été si longtemps, me rend timide sur mes vieux jours. Puis, la vérité c'est cette perle qu'un homme trouve dans un champ, et il vend tout ce qu'il a pour acheter une terre qui porte de pareils fruits. C'est un trésor d'un si grand prix, qu'on ne saurait l'acheter trop cher. Voilà pourquoi tu me vois fuir à l'écart certaines distractions, que je goûterais encore bien volontiers, et me priver même de sociétés aimables, pour lesquelles j'ai un très vif penchant. L'inexprimable bonheur que j'éprouve à contempler les réalités divines l'emporte, pour ma vieille âme, sur tous les plaisirs, et je doute qu'à aucune époque de ma vie j'en aie ressenti de comparables. Je ne rêve pas comme je rêvais à vingt ans ; j'observe, je réfléchis, je médite ; je consulte les sages ; autant que je peux, je vais au fond des choses ; j'élève mon cœur en haut par l'adoration et la prière ; je nage dans les délices quand je vois, dans une clarté toujours croissante, que le bien, la vérité, l'amour, c'est une seule et sublime unité, plus certaine que mon existence même. Voilà le charme qui me possède, mon enfant. Tu as pu juger par notre entretien que, si la vue du ciel me ravit, ce n'est pas seulement à cause de cette beauté sensible qui exalte les amants et les poètes, mais bien à cause des vivants mystères dont la solution est cachée dans ses profondeurs. C'est la réelle grandeur de nos destinées que je me plais à y découvrir. Comprends-tu maintenant et ma timidité, et ma lenteur, et ma petite sauvagerie ? T'expliques-tu, à la fois, mon goût pour la société de mes semblables, et mon attrait pour la divine solitude ? Conçois-tu que je puisse

t'aimer beaucoup et te fuir avec délices dans un coin ?
Commences-tu surtout à soupçonner que je puisse être
un amant passionné de la vérité, et en même temps mettre
un soin jaloux à la retenir dans mon sein ? Si nous réflé-
chissions bien à ce qu'elle est en soi, combien nous trem-
blerions de la trahir par notre vaniteuse et imprudente
précipitation !

— Cher oncle, ce sont là de vraies paroles du ciel ; je
tâcherai de ne pas les oublier. Oui, je commence à vous
comprendre ; mais il me semble que je n'en serai que plus
désireuse à l'avenir de vous posséder et de vous écouter.
Car plus une âme se recueille, plus elle doit amasser de ce
miel si doux dont je me sens affamée, et c'est précisément
le mystère de votre vie méditative qui éveille en moi une
curiosité que je crois sérieuse et légitime. Cependant il est
tard, vous avez besoin de repos. Pardonnez-moi de vous
avoir retenu si longtemps. Allons, rentrons et bonne nuit.
Je vais certainement rêver des étoiles ; vous, mon oncle,
puissiez-vous rêver du bien que vous m'avez fait !

DEUXIÈME DIALOGUE

—

Pour ce second entretien, le lieu de la scène est changé ; c'est encore la campagne, mais plus loin, dans une autre direction. Ce sont aussi d'autres personnages et une autre saison ; toujours l'automne, mais l'automne avancé, presque l'hiver.

A cette époque de l'année, la nuit vient de bonne heure, et la causerie se prolonge volontiers, entre chien et loup, à la lueur du foyer. Deux Messieurs et une Dame s'entretiennent ainsi familièrement au coin du feu. C'est un jeune ménage, M. et Mme Deschamps, et un vieil ami de la maison en visite. Le jour baisse de plus en plus.

M. Deschamps. — Nous avons lu, cher Monsieur, votre dialogue sur *le ciel*. Il nous a transportés dans un ordre d'idées bien nouveau, j'allais dire bien hardi.

Le vieil ami. — Cet ordre d'idées n'est pas aussi nouveau ni peut-être aussi hardi qu'il a pu vous le paraître au premier abord. Je n'ai guère fait que rappeler et grouper des opinions qui ont cours, quelques-unes même depuis longtemps. Mais j'avoue que leur rapprochement et les conclusions que je me suis cru en droit d'en tirer, ont pu causer quelque étonnement, surtout parmi les esprits peu accoutumés à ces sortes de spéculations.

Mme Deschamps. — Nous avons facilement reconnu les masques ; vous n'êtes pas allé chercher bien loin vos personnages. Les répliques d'ailleurs sont si naturelles, que cela semble photographié. Ne serait-ce pas tout simplement un de vos entretiens avec cette chère nièce que vous auriez mis par écrit pour en garder trace et en faire part à vos amis ?

Lé VIEIL AMI. — Non, Madame, non, le lieu de la scène, les personnages, leurs rapports, tout est vrai, moins les paroles que je leur prête. L'entretien en question aurait pu avoir lieu, l'occasion ne s'en est pas présentée ; c'est une pure invention, comme les spirituelles causeries que Fontenelle a supposées entre son philosophe et sa belle marquise. Mais pendant que nous causions nous-mêmes, le temps a marché, et si je ne veux pas manquer le train, il faut que je me hâte de prendre congé de vous.

M. DESCHAMPS. — Cela est plus aisé à dire qu'à faire, cher Monsieur. Vous n'entendez donc pas l'horrible temps qu'il fait? On dirait que tous les vents de la contrée sont déchaînés, et que la pluie a fait gageure avec le vent.

LE VIEIL AMI. — Est-ce vrai?

M. DESCHAMPS. — Ecoutez seulement..... Que dites-vous de ce vacarme?

LE VIEIL AMI. — J'en conviens, la soirée n'est pas belle. Cela ne ressemble guère au petit soleil pâle et doux par lequel je suis venu ce matin. Mais avec un bon parapluie que vous auriez la bonté de me prêter.....

Mme DESCHAMPS. — Il n'y a point de parapluie qui puisse tenir contre une pareille bourrasque. Avant d'arriver à la station, vous seriez trempé jusqu'aux os. Non, Monsieur, nous ne vous laisserons pas partir, c'est le bon Dieu lui-même qui s'y oppose, et nous l'en remercions..... à moins que cela ne vous contrarie beaucoup?

M. DESCHAMPS. — Qu'est-ce qui vous oblige à retourner ce soir?

LE VIEIL AMI. — Je n'y suis pas absolument obligé; on n'a pas l'habitude de m'attendre, et, vous le savez, je ne suis que trop le maître de mes actions.

M. DESCHAMPS. — Restez-nous donc. Vous voyez le plaisir que vous faites; ce bon feu lui-même semble en pétiller de joie. C'est quelque chose pour des campagnards, croyez-le bien, qu'une visite cordiale par ces jours sombres et courts de l'arrière-saison. On voit ses hôtes s'éloigner avec plus de regret que vous ne pouvez vous le figurer.

Mme DESCHAMPS. — Eh bien, est-ce entendu? Oui, n'est-ce pas? Oh! merci, merci, que vous êtes aimable! Nous allons passer une bonne soirée!

M. DESCHAMPS. — Nous allons reparler du ciel. Voyons, rasseyez-vous, cher et bon ami. Et pendant que Marie ira présider aux apprêts du souper et au coucher des enfants, nous reprendrons l'entretien. J'ai certaines choses à vous demander.

LE VIEIL AMI. — Quelles choses?

M. DESCHAMPS. — Je ne saurais vous les dire toutes à la fois. Mais d'abord, voyons, vous croyez donc fermement que les étoiles sont habitées? Sur quoi fondez-vous votre croyance?

LE VIEIL AMI. — A mon tour, mon ami, si vous niez qu'elles le soient, je vous demanderai sur quels raisonnements vous appuyez votre négation; et si vous ne faites qu'en douter, je vous prierai de me dire sur quoi repose votre doute. J'ai beaucoup étudié cette question; vous est-il arrivé jamais de vous en occuper un peu sérieusement?

M. DESCHAMPS. — Non, je vous avoue que je n'y avais jamais songé lorsque votre dialogue sur le ciel nous est tombé entre les mains et a éveillé notre attention. J'étais comme les quatre-vingt-dix-neuf centièmes des hommes, qui ne voient dans les étoiles que des étoiles, et qui, en présence d'une belle nuit, se contentent de s'écrier: *la belle nuit!* Mais de supposer parmi tous ces points brillants, semés au hasard, des êtres vivants, des êtres qui pensent, qui aiment, qui haïssent, qui ont des sens comme nous, qui nous regardent, qui nous voient peut-être, jamais, au grand jamais l'idée ne m'en était venue. Comment vous est-elle venue à vous-même? Vous a-t-elle été suggérée par quelqu'un? par quelque livre, par quelque penseur?

LE VIEIL AMI. — Par personne. La question s'est posée un beau jour dans mon esprit, comme toute autre question aurait pu s'y poser. Je n'ai pas tardé à la trouver d'une telle grandeur et d'une telle importance, que je n'ai pas compris qu'elle eût pu m'échapper si longtemps. Dès lors j'y ai appliqué toutes les forces de ma pensée la plus recueillie ; je l'ai étudiée devant Dieu, je puis le dire, avec toute la liberté et tout le désintéressement intellectuels dont je suis capable ; j'y suis revenu cent fois, toujours avec la même attention et la même indépendance, et jusqu'ici j'ai invariablement conclu dans le sens que vous savez. Oui, je crois fermement, autant que je puis croire quelque chose, que les sphères célestes sont habitées.

M. DESCHAMPS. — C'est quelque chose assurément qu'une telle persuasion dans un esprit réfléchi et sincère comme le vôtre, et j'aurais mauvaise grâce à persister dans mon scepticisme, pour ne pas dire dans mon incrédulité, en présence d'une foi qui paraît si raisonnée et si résolue; vous me permettrez bien cependant, pour croire comme vous, d'attendre que la lumière se soit faite aussi dans mon esprit, et que, dans tous les cas, vous m'ayez fait connaître les motifs qui ont déterminé votre conviction.

LE VIEIL AMI. — C'est trop juste; j'aurai d'ailleurs bientôt fait. Tout ce qu'on a dit à cet égard jusqu'à présent, et tout ce que je me suis dit à moi-même, peut se ramener à cette unique et simple considération: *Dieu, infiniment sage, n'a rien fait en vain.* Si les corps célestes ne sont pas habités, s'ils ne portent pas la vie comme notre globe, si ce sont de simples masses minérales, inertes et stériles, qui tournent pour tourner, qui circulent pour circuler, à quoi servent-ils?

Quel rôle jouent-ils dans la création? La difficulté, l'impossibilité de faire à cette question une réponse quelconque, est ma raison décisive. Comment la trouvez-vous?

M. Deschamps. — J'avoue qu'elle est grave.

Le vieil ami. — Elle vous le semblera davantage quand vous y aurez plus mûrement songé. « Peut-on être assez impie, disait au seizième siècle le savant astronome Tycho-Brahé, pour accuser Dieu d'injustice et d'iniquité en supposant qu'il ait créé en vain le grand et beau spectacle des cieux et l'innombrable armée des étoiles?.... Quoi! l'herbe la plus humble, la pierre la plus grossière, l'animal le plus vil, auraient toujours ici-bas, pour qui sait la trouver, une propriété utile et précieuse, et l'on admettrait que les substances éternelles et incorruptibles qui roulent sur nos têtes sont destituées par la Providence de toute action bienfaisante? » Il ajoute, à la vérité, que cette *action bienfaisante*, c'est, par exemple, l'influence du soleil sur la substance cérébrale, sur la moëlle des os, comme sur celle des arbres et sur la chair des écrevisses; mais c'étaient les préjugés astrologiques de son temps, préjugés auxquels les meilleures têtes payaient leur tribut: il n'en reste pas moins évident que ce savant homme, le regard incessamment fixé sur cette innombrable armée de sphères énormes, ne pouvait croire à leur inutilité. Il en faisait, faute de mieux, autant de régulateurs mystérieux des destinées humaines, ne sachant pas plus que ses contemporains quelles analogies ces globes présentaient avec le globe terrestre, et par conséquent quels rapports leur destination devait avoir avec la sienne ; mais ce qui ne pouvait pas entrer dans son esprit, c'était que tout ce peuple de mondes ne servît à rien qu'à jeter sur nos nuits une pâle et froide lueur. Depuis Tycho-Brahé, une foule de gens sensés, débarrassés des langes de l'astrologie, ont refait son raisonnement sans tomber dans sa puérile erreur, et ont abouti à l'habitabilité, puis à l'habitation des sphères célestes. Vous avez lu Fontenelle ?

M. Deschamps. — Je l'ai lu, mais je ne saurais vous dire avec quelle distraction et quelle secrète disposition à ne pas croire. Son livre m'a paru un simple jeu d'esprit, une sorte d'amusement philosophique dont les astres faisaient les frais, mais qui n'avait rien de sérieux. Ses éternels madrigaux m'auront empêché de saisir le côté vrai et grand du sujet. Peut-être à son époque fallait-il ces ménagements ?

Le vieil ami. — C'est possible, il le laisse entendre et semble craindre de se faire un mauvais parti. — Il paraît constant que la plupart des sages de l'antiquité, chez les Égyptiens, les Chaldéens, les Grecs, à l'exception peut-être de l'école de Socrate, ont adopté et soutenu l'opinion de la pluralité des mondes, quoique j'aie quelque peine à me représenter l'idée qu'ils s'en faisaient dans un temps où c'était une témérité de croire le soleil plus grand que le Péloponèse ; mais cette doctrine se perdit pendant les siècles obscurs du moyen âge, où l'on professait théologiquement l'immobilité de la terre au centre de la création, et, sur la foi d'Aristote, l'incorruptibilité des cieux. Ne voulant pas heurter de front ces vieilles idées, qui avaient encore un certain crédit, Fontenelle, fort ami de son repos, s'est contenté de badiner et de laisser sur ce point chacun penser comme il voudrait. « Il semble, dit-il dans sa préface, que rien ne devrait nous intéresser davantage que de savoir s'il y a d'autres mondes habités ; mais, après tout, s'inquiète de cela qui voudra. Ceux qui ont des pensées à perdre l peuvent perdre sur ces sujets ; mais tout le monde n'es pas en état de faire cette dépense inutile. » Je ne m'étonne pas qu'il ne vous ait pas convaincu, et que l'exposition de son système vous ait paru une simple récréation littéraire.

M. Deschamps. — C'est probablement cela ; mais avant

et après lui, dans nos temps modernes, depuis Copernic et Galilée, est-ce que personne ne s'est avisé de *perdre ses pensées sur ce sujet?*

Le vieil ami. — Tous les grands esprits, au contraire, tous les penseurs, tous les savants du premier ordre ont, plus ou moins explicitement, professé la doctrine de la pluralité des mondes telle à peu près que l'a présentée l'ingénieux secrétaire perpétuel de l'Académie. Bayle, Leibniz, Bernouilly, Newton, Buffon, Condillac, Bailly, Goëthe, Herschell, Lalande, Laplace, une foule d'autres, l'ont émise dans leurs ouvrages et l'ont affirmée comme une chose toute simple et toute naturelle, qui ne souffrait pas contradiction. « Je suis d'opinion, écrivait l'illustre Kànt, le père de la philosophie allemande, qu'il n'est pas même besoin de soutenir que toutes les planètes sont habitées ; car le nier serait une absurdité aux yeux de tous, ou du moins aux yeux du plus grand nombre. » — « Est-il possible de croire, disait à son tour Cousin Despréaux, philosophe naturaliste et très bon chrétien, que l'Être infiniment sage n'aurait orné la voûte céleste de tant de corps d'une si prodigieuse grandeur que pour la satisfaction de nos yeux, que pour nous procurer une scène magnifique?.. Aurait-il donc créé des astres qui peuvent darder leurs rayons jusque sur la Terre, sans avoir produit des mondes qui puissent jouir de leur bénigne influence? Non, ces milliers de soleils ont chacun, comme notre soleil, leurs planètes particulières, et nous entrevoyons autour de nous une multitude inconcevable de mondes servant de demeures à différents ordres de créatures, et peuplés, comme notre terre, d'habitants qui peuvent admirer et célébrer la magnificence des œuvres de Dieu. » — « Toutes les étoiles, dit à son tour le cardinal de Polignac dans sa réfutation de Lucrèce, toutes les étoiles sont autant de soleils semblables au nôtre, environnés

comme lui de corps opaques auxquels elles communiquent
la chaleur et la lumière. Les planètes qui les accompagnent
se refusent à la faiblesse de nos yeux, et la distance de ces
étoiles nous dérobe l'énormité de leur grandeur. Mais si
l'on considère que les rayons de ces astres jouissent des
mêmes propriétés que ceux du soleil, et que le soleil lui-
même, vu dans une distance égale, nous apparaîtrait tel
que nous voyons les étoiles, pourra-t-on se persuader que
le soleil et les étoiles agissent différemment, et que tant de
merveilleux flambeaux brillent inutilement? La divinité ne
se borne pas à former un seul être de même espèce : elle
verse à la fois de ses inépuisables trésors une moisson
d'êtres pareils. Des causes semblables doivent produire de
semblables effets. » Que dites-vous de ces textes, que j'a-
brége pour ne pas vous ennuyer? Supposiez-vous qu'une
doctrine qui vous paraissait tout à l'heure *si neuve et si
hardie*, pût avoir pour elle de si graves et si nombreuses
autorités?

M. Deschamps. — Je vous l'ai dit, sauf la vague impression que j'avais conservée du livre de Fontenelle, elle
m'était complétement étrangère; mais ce qui m'étonne
beaucoup, c'est qu'après avoir joué un tel rôle dans le
monde savant, elle ait fait encore si peu de chemin, je ne
dis pas parmi le peuple, mais parmi les gens tant soit peu
instruits.

Le vieil ami. — Il ne faut pas s'étonner que les idées de
cet ordre, si peu secondées par le témoignage des sens,
s'infiltrent lentement dans les esprits. L'astronomie elle-
même, sans laquelle tout ce que nous venons de dire n'aurait aucun sens, à qui est-elle familière parmi les gens dont
vous parlez? « L'ignorance du public au sujet de l'astronomie, dit le P. Gratry, est véritablement étrange. Oui,
ajoute-t-il, cette science simple, facile, régulière, lumineuse,

majestueuse et religieuse, cette science, pleine dans ses
détails du plus puissant intérêt, cette science, modèle des
sciences et chef-d'œuvre de l'esprit humain, non-seulement
n'est pas encore devenue populaire, mais même est absolument inconnue de la plupart de ceux qui ont reçu une
éducation libérale complète. » Or, c'est là, sans aucun doute,
la raison pour laquelle la doctrine de l'habitabilité des
sphères célestes, cette doctrine, *simple* aussi et *lumineuse et
religieuse*, a jusqu'à présent si peu gagné de terrain. Il ne
faudrait pas cependant vous figurer qu'elle n'eût encore,
comme au siècle dernier, que de rares adeptes, disséminés
parmi les philosophes et les astronomes de profession. Vous
vous rappelez la déclaration que le P. Félix crut devoir
faire, il y a deux ou trois ans, dans la chaire même de
Notre-Dame touchant l'opinion qui nous occupe, déclaration
que vous avez lue dans mon dialogue sur le ciel : « Veut-
on absolument que les planètes, les soleils aient leurs habitants capables comme nous de connaître, d'aimer et de
glorifier le Créateur, j'ai hâte de le proclamer, le dogme
n'y répugne pas ; il ne nie ni n'affirme rien sur cette libre
hypothèse. » Vous vous souvenez du passage, n'est-ce pas ?
Eh bien, cette proclamation solennelle prouve que l'orateur
se sentait en présence d'une opinion assez répandue, assez
accréditée, pour qu'il y eût, sinon nécessité, du moins con-
venance de lever tout scrupule à cet égard, et de déclarer
l'indifférence et le silence du dogme en ce qui la concerne.
D'autre part, M. Ch. de Rémusat, dans un récent article sur
la vie future, signale l'existence d'une véritable école, dont
J. Reynaud, dit-il, peut être considéré comme le chef, et qui
a constamment cherché à édifier un système sur la réunion
de ces deux idées : *l'immortalité de l'âme et la pluralité des
mondes.* Puis, après J. Reynaud, il cite comme appartenant
à la même secte philosophique, M. Flammarion, auteur

d'un livre remarquable intitulé *la pluralité des mondes habités*, ainsi qu'un M. Pezzani, qui se donne pour un continuateur de MM. Reynaud et Flammarion, bien qu'il s'attache spécialement au problème philosophique et moral, jugeant avec quelque raison, dit M. de Rémusat, *le problème astronomique résolu*. Vous le voyez donc, l'idée est dans l'air ; elle y flotte indécise et vague en attendant qu'elle prenne consistance, comme devait flotter l'idée de terres inconnues dans les mers de l'occident avant que Colomb eût découvert l'Amérique ; mais elle y est, et je crois qu'il sera difficile de l'en déloger.

M. Deschamps. — On sait quelle est la tenacité de l'esprit humain, principalement en ce qui concerne le domaine mystérieux de l'inconnu. Au reste, dans le cas particulier, c'est un innocent entêtement. Qu'est-ce que cela peut faire, après tout, qu'on croie ou qu'on ne croie pas le monde sidéral habité ? C'est une question oiseuse, plus curieuse à étudier qu'utile à résoudre. D'abord, nous ne saurons jamais scientifiquement, expérimentalement, ce qu'il en est ; ensuite, quand même un jour nous serions parvenus à le savoir, entrerions-nous pour cela en relations avec les populations étranges que nous pouvons raisonnablement supposer dans ces incommensurables lointains de l'univers ? Entre eux et nous il y a l'immensité, il y a l'infini, il y a l'impossible.

Le vieil ami. — Ce n'est pas toujours, mon ami, pour l'utilité reconnue d'une question, que l'esprit de l'homme s'acharne à la résoudre ; et il ne suffit pas pour la déclarer oiseuse, d'arguer que sa solution ne peut mener à rien. La science pure, vous le savez, poursuit sans relâche et résout, quand il plaît à Dieu, une foule de problèmes qui, en apparence, ne doivent jamais trouver leur application, et qui cependant un beau jour enrichissent le monde des plus précieuses découvertes. Je ne vous citerai, entre mille autres, que les travaux théoriques d'Ampère auxquels nous sommes redevables du télégraphe électrique; il ne soupçonnait guère lui-même que ses savants calculs donneraient jamais un si étonnant et si utile résultat.

M. Deschamps. — Je tombe d'accord avec vous de tout cela; mais les planètes, les étoiles, les nébuleuses, comment supposer que nous saurons jamais ce qui s'y passe, et surtout que jamais nous ferons ménage avec les fantastiques habitants dont votre imagination s'amuse à les peupler?

Le vieil ami. — J'avoue que cela paraît étrange, et pour mon compte, je ne vous le cache pas, je suis loin de supposer rien de pareil. Je crois les sphères célestes peuplées, et je m'en tiens là; quant aux rapports de voisinage que la terre peut un jour avoir avec Mars et Vénus, avec Saturne ou Jupiter, je ne crois rien, je n'affirme rien, je ne dépasse pas la portée de mon humble vue. Mais prenez garde, parce que je ne vois pas plus loin, ce n'est pas une raison pour qu'il n'existe rien au-delà. Il y a peut-être des yeux meilleurs que les miens. Ecoutez, par exemple, un théologien de vos amis, très savant et très excellent homme, que vous ne récuserez pas, j'en suis sûr. « Lorsque notre terre, dit-il, vraiment peuplée et cultivée, fera vivre dix milliards d'hommes, le genre humain verra que la terre est petite et qu'elle ne suffit pas... Représentez-vous donc ce que fera l'esprit humain, où il se tournera quand l'universelle préoccupation des peuples, de la science et de la politique sera celle-ci : tout est rempli, la terre nous manque ! Et les flots humains montent toujours !.. Alors on se demandera, comme je me demande aujourd'hui, moi qui ai traversé le monde et la vie par l'âge et par la réflexion, on se demandera s'il n'est pas quelque extension possible de cette vie courte et de ce petit monde : on regardera au ciel, au ciel visible et au ciel invisible ; on cherchera les liens vivants, les communications possibles de la terre à ce qui l'entoure ; on cherchera, on trouvera. Par les merveilleux développements des sciences de la lumière, on saura quelque chose peut-être de l'usage des étoiles, quelque chose de la vie actuelle, des destinées communes de l'univers entier, quelque chose de la vie intime du radieux soleil qui nous donne la fécondité. Et qui sait si les autres mondes ne nous seront point une ressource ? » Vous le voyez, mon ami, l'étrange supposition ne paraît pas si chimérique, ni si ridicule au P. Gratry. Il compte, grâce aux progrès futurs de la science et de la moralité, sur un tel accroissement de la population du globe, que le genre humain sera forcé de regarder autour de lui et de se chercher des issues. Encore une fois, je n'ai aucune raison de croire qu'il en trouvera, je doute même très fort qu'il en trouve ; mais enfin c'est un fait que nous pouvons être un jour à l'étroit sur la surface habitable de la terre ; et dès lors on conçoit quel intérêt peut prendre la grosse question que nous agitons en ce moment. Ne pensez-vous pas que le genre humain, dans quelques siècles d'ici, pourra se trouver embarrassé ?

M. Deschamps. — Il est sûr que, malgré les exagérations de Malthus, l'accroissement indéfini de la population est un des grands soucis des économistes ; et j'admets avec vous que, dans le cas possible du trop plein, la question des ressources que la terre peut tirer des mondes voisins acquerra une immense importance. Il est même visible déjà, depuis que le globe est définitivement connu et qu'il n'y a plus de découvertes à espérer, depuis surtout que l'astronomie nous a révélé la nature, les dimensions, les distances réelles des corps célestes, que les spéculations de la philosophie franchissent bien plus hardiment les limites de notre monde sublunaire et se lancent avec une confiance inconnue jusqu'à ce jour dans les régions inexplorées de l'invisible. Les rêves de l'école de Fourier, avec leur étrangeté, appartiennent à ce mouvement des esprits, qui tend à se généraliser.

Le vieil ami. — Ce sont, en effet, les grandes découvertes de l'astronomie moderne qui ont fait prendre au sérieux la question problématique de l'habitabilité des sphères célestes. Jusqu'à ce que l'invention du télescope eût fait voir dans les étoiles de véritables soleils, et dans les planètes des globes opaques et solides, tournant sur leurs axes comme le nôtre, ayant comme lui des nuits, des jours, des étés, des hivers, comment aurait-on supposé avec quelque apparence de raison l'existence de populations vivantes quelconques à la surface de ces points lumineux, qui semblaient sur la voûte céleste comme des diamants sur le velours d'un trône? Une telle supposition était si peu naturelle, qu'on a peine à comprendre comment elle a pu venir à l'esprit des anciens philosophes; mais depuis on conçoit à peine, au contraire, comment, en considérant les données certaines de la science sur la nature des corps planétaires et leur frappante analogie avec la nature du nôtre, l'esprit peut hésiter à les croire habités. Il me semble qu'aujourd'hui il serait aussi contraire à la logique et au bon sens d'affirmer les planètes vides, désertes, stériles, qu'il était téméraire, qu'il était insensé avant Copernic d'y supposer des êtres organisés, des plantes, des animaux, des hommes. Ne commencez-vous pas à être de mon avis?

M. Deschamps. — Je ne saurais disconvenir que votre opinion a en sa faveur de grandes probabilités. Si je l'ai combattue, c'est d'abord parce qu'elle était toute nouvelle pour moi; c'est aussi parce que je n'étais pas fâché de connaître toutes vos raisons, et d'avoir sur ce point le fond de votre sac. Mais j'avoue qu'à l'heure qu'il est j'incline très fort à penser comme vous.

Le vieil ami. — Cependant, mon ami, je ne vous ai pas tout dit encore. Ce fond de mon sac, auquel vous paraissez tenir, je vous l'ai réservé comme mon dernier argument, ou plutôt comme mon premier et mon plus décisif : c'est ma garde impériale.

M. Deschamps. — Voyons votre garde impériale.

Le vieil ami. — Eh bien, jusqu'à présent, si vous avez eu la patience de me suivre, vous avez dû remarquer que je me suis borné à dire ceci : Les planètes, visibles ou invisibles, sont faites comme la terre, qui est elle-même une planète ; or la terre est peuplée, pourquoi les planètes ses sœurs ne le seraient-elles pas ? L'antiquité le croyait, le moyen âge ne s'en est pas inquiété, mais les modernes sont revenus à l'opinion des anciens, et l'ont appuyée sur une connaissance plus exacte du ciel, en même temps que sur l'idée chrétienne de la parfaite sagesse de Dieu. Le dogme enfin ne répugne pas à cette croyance, qui est une libre hypothèse. Voilà, si je ne me trompe, à quoi se réduit toute notre causerie. Du reste, nous ne nous sommes aucunement occupés de la nature particulière des êtres qui pouvaient peupler ces terres du ciel. Nous nous sommes bornés à dire : elles sont peuplées ; mais par qui ? mais par quoi ? mais comment ? c'est ce que nous avons laissé à examiner plus tard, s'il y avait lieu. Or, il s'en faut de tout, mon ami, que je m'arrête là dans cette belle étude, et c'est à partir de ce point seulement qu'elle prend à mes yeux son véritable intérêt. Que m'importerait, en effet, que ces mondes fussent habités par des créatures fantastiques, imaginaires, qui n'eussent avec ma propre nature aucune analogie, aucune ressemblance, que je ne pusse ni comprendre, ni aimer ? Ce serait le cas de dire que la question

est oiseuse, et que c'est perdre son temps que de chercher
à la résoudre. Mais ce n'est pas ainsi que je la conçois, et
tout en réservant la diversité infinie des modes d'organisation qui ont pu, qui ont dû sortir de l'inépuisable fécondité du Créateur, je pose comme un fait indiscutable que
les sphères célestes portent à leur surface, non-seulement
la vie inorganique minérale et la vie organique végétale
et animale, mais aussi et surtout la vie morale, la vie intel-
ligente et libre, en un mot la vie des êtres capables, comme
dit le P. Félix, *de connaître, d'aimer et de glorifier Dieu.*
Dès lors l'univers est peuplé d'intelligences douées de la
liberté et de l'amour, avec lesquelles je puis sympathiser
comme avec celles de mon espèce, et avec lesquelles aussi
j'ai un rapport immédiat dans mon principe et dans ma fin,
qui est leur fin et leur principe, l'Être des êtres en qui
nous nous touchons tous. Dès lors, également, l'immense
question de l'habitalité des sphères célestes a sa raison
dans la nature même de Dieu, qui, étant l'être aimant par
excellence, qui étant l'amour même, a voulu être aimé, et
conséquemment connu et servi, dans toute l'étendue de
son splendide univers. Oui, toutes les parties de l'univers
habitable sont habitées, et elles le sont, non moins parce
que Dieu est infiniment sage que parce qu'il est infiniment
bon et aimant, et que c'est le propre d'un être aimant de
vouloir être aimé. Je crois donc, d'une foi naturelle, mais
ferme et invariable, que les terres du ciel sont peuplées,
parce que je crois avec la même invariable et inébranlable
fermeté que Dieu est un être parfait. C'est là, bien cher
ami, mon argument décisif, c'est là le fond de mon sac.
Ici encore inclinez-vous à être de mon avis ?

M. Deschamps. — Cet argument, en effet, est à la fois
très beau et très fort ; il entraîne non-seulement l'esprit,

mais encore le cœur, et l'on éprouve je ne sais quelle émotion à sentir les profondeurs de l'espace animées et vivifiées par l'amour, cette force qui relie toutes les existences en les rattachant à la divine unité. C'est une conception sublime que l'âme de Platon aurait contemplée avec ravissement. Je comprends, cher Monsieur, votre propre enthousiasme, et je me sens de grandes dispositions à le partager. Mais voici qu'il nous faut redescendre du ciel sur la terre ; on vient nous inviter à passer dans la salle à manger. C'est humiliant, mais que voulez-vous ? Nous ne sommes pas de purs esprits, et il faut soutenir ces pauvres corps, ces *guenilles* qui nous sont chères, comme vous savez, toutes guenilles qu'elles sont. Passez donc, je vous prie ; nous ferons de notre mieux pour réparer vos forces ; après quoi, si ce n'est pas abuser des droits de l'hospitalité, nous reviendrons ici vous demander la suite de cet entretien, dont le sujet n'est pas épuisé, et qui intéressera ma femme non moins qu'il ne m'a intéressé. Comme elle l'avait prévu, nous aurons eu, grâce au mauvais temps, une excellente soirée.

(Après le souper, la compagnie revient au salon.)

LE VIEIL AMI. — Votre mari, Madame, vous a mise au courant de notre conversation. Vous en savez maintenant autant que lui sur le sujet qui nous a occupés, et je dirais presque autant que moi, malgré les longues et fréquentes méditations que j'y ai consacrées. Dans de semblables matières il faut bien du travail pour peu de résultat.

Mme DESCHAMPS. — Je le conçois aisément. Dites-moi cependant, cher Monsieur, est-ce qu'on ne sait donc absolument rien sur la nature particulière, sur le caractère propre des êtres dont l'existence vous est si fortement démontrée, et à la réalité desquels nous commençons à croire avec vous? Est-ce que la science, est-ce que la philosophie n'enseignent rien à cet égard? Je serais bien curieuse de savoir quelque peu à quoi m'en tenir sur le compte de ces frères et de ces sœurs que nous avons dans le pays des étoiles.

Le vieil ami. — Je voudrais, Madame, pouvoir satisfaire une curiosité si naturelle, mais j'en suis moi-même sur ce point aux simples conjectures, tout au plus à quelques vagues généralités, et je ne sache pas que personne jusqu'ici ait dépassé ce modeste programme. Les romans, il est vrai, n'ont pas fait défaut, les imaginations avaient beau jeu ; mais les romans sont des romans, et je ne pense pas que ce soit des fables que vous me demandiez.

Mme Deschamps. — Non, assurément, c'est de l'histoire, c'est du vrai que je voudrais. Mais est-ce que réellement on a imaginé des aventures romanesques dont les héros étaient des habitants de la Lune ou de Mercure?

Le vieil ami. — Ce n'est pas cela précisément que j'ai voulu dire, malgré les excentricités du genre, que je vous accorde. C'est déjà bien assez que certains beaux esprits en littérature et en philosophie se soient mis en frais d'invention pour composer au gré de leur caprice la nature merveilleuse des sphères célestes et celle des êtres fantastiques dont il leur plaît de les peupler. Ils sont allés loin sur ce sujet.

Mme Deschamps. — Par exemple....?

Le vieil ami. — Eh bien, par exemple, voici comment Bernardin de Saint-Pierre, dans ses harmonies de la nature, conçoit les habitants de Vénus. « Ils sont, dit-il, d'une taille semblable à la nôtre, puisqu'ils habitent une planète de même diamètre ; mais sous une zone plus fortunée, ils doivent donner tout leur temps aux amours. Les uns faisant paître des troupeaux sur la croupe des montagnes, mènent

la vie des bergers ; les autres, sur les rivages de leurs îles
fécondes, se livrent à la danse, aux festins, s'égayent par
des chansons, ou se disputent des prix à la nage, comme les
heureux insulaires de Taïti. » Comment trouvez-vous cette
plantureuse pastorale ? En voici une autre ; elle est du théo-
sophe Swedenborg, qui promène parmi les terres astrales
un esprit de sa connaissance. « Sur la quatrième terre, dit
Swedenborg, il se présenta à lui, vers la droite, plusieurs
femmes qui faisaient paître des brebis et des agneaux,
qu'elles conduisaient alors à un abreuvoir, où l'eau était
amenée d'un lac au moyen d'une tranchée. Elles étaient
pareillement vêtues et tenaient à la main une houlette
avec laquelle elles menaient boire les brebis et les agneaux.
Je vis aussi les faces des femmes ; elles étaient rondes et
belles. Je vis de plus des hommes : leurs visages étaient
couleur ordinaire de chair, comme sur notre terre, mais
avec cette différence que la partie inférieure de leur face,
à la place de la barbe, était noire, et que le nez était plutôt
couleur de neige que couleur de chair. » N'êtes-vous pas
de mon avis que ce nez blanc sur une face à la suie devait
produire un joli effet, tout à fait digne de la quatrième
terre ?

Mme DESCHAMPS. — Je suis d'avis, cher Monsieur, que
vous voulez vous divertir aux dépens de ces pauvres philosophes, et un peu aux nôtres, convenez-en.

LE VIEIL AMI. — Je ne me divertis aux dépens de personne, Madame, je cite en toute fidélité et conscience. Je
vous demanderai même la permission d'opposer aux dou-
cereuses élucubrations de nos faiseurs d'églogues sidérales,
des conceptions d'un tout autre caractère, bien que puisées
aux mêmes sources, tant l'imagination humaine est féconde
en contrastes ! Voici l'idée qu'on se faisait, au moyen âge,
de Saturne et de son influence : « Saturne est tardif en ses

effets, lourd, pesant et poudreux, très dangereux par tous ses aspects et regards. Il préside aux vieillards, aux pères, aux aïeuls et bisaïeuls, aux laboureurs et mendiants, aux ivrognes et faussoyeurs de métaux, couroyeurs, aux potiers et à ceux qui ont de profondes pensées. Il apporte prisons, longues maladies et ennemis occultes. Il fait les hommes de couleur noire et safranée, les yeux fichés en terre, maigres, courbés, avec de petits yeux et peu de barbe, timides, taciturnes, superstitieux, frauduleux, avares, tristes, laborieux, pauvres, mesprisés, malfortunez, mélancholiques, envieux, obstinés, solitaires, etc., etc..... La dernière qualité de Saturne est *l'ypocrisie*, c'est-à-dire cette qualité grimacière qui fait paraître au-dehors beaucoup de religion, mais qui ne conserve rien au-dedans. » Comment, après cela, vous représentez-vous les misérables populations qui devaient habiter ce cloaque de l'univers, ce bouge céleste, dont le fameux Corneille Agrippa disait formellement : « De tous les lieux, ceux qui sont puants, ténébreux, souterrains, tristes, pieux et funestes, comme les cimetières, les bûchers, les habitations abandonnées, les vieilles masures, les lieux obscurs et horribles, les antres solitaires, les cavernes, les puits, répondent à Saturne, et outre cela les piscines, les étangs, les marais et autres de cette sorte. »

M. Deschamps. — C'est inimaginable ! On a peine à croire aujourd'hui, à notre époque de savoir et de raison, que l'esprit de l'homme ait jamais pu se perdre dans des visions si folles ; mais l'excuse de ces pauvres gens, c'était leur profonde ignorance. Au moyen âge.....

Le vieil ami. — C'est vrai, au moyen âge on ne cherchait pas, on devinait, on imaginait, et les rêves les plus bizarres trouvaient crédit, comme les vérités les mieux démontrées et les plus incontestables ; mais voici d'autres rêves beaucoup plus récents, des rêves d'hier, autour desquels s'est groupée toute une école : vous me direz lesquels vous préférez.

M. Deschamps. — Voyons.

Le vieil ami. — Vous savez peut-être que, d'après la théorie de Fourier, de Fourier le phalanstérien, la fécondation des germes contenus dans le sein de chaque planète s'opère par une communication d'aromes avec les autres planètes, au moyen des cordons aromaux dont chaque astre est pourvu. Si vous demandez le titre aromal d'un être quelconque, par exemple du cheval, on vous répond que c'est un être fier, aristocratique, passionné pour les combats et la chasse ; que l'on devine à ces traits l'emblème du gentilhomme, et de l'ambitieux altéré de gloire et d'honneurs ; qu'il doit être classé, d'autorité, parmi les productions du clavier de Saturne. « Le cheval, dit Fourier, émane de la planète cardinale d'ambition, de ce globe orgueilleux qui marche accompagné d'un cortége de sept satellites et qui pose dans le ciel comme un portrait de Van Dyck, de Saturne enfin, dont on devinerait le caractère martial, rien qu'à sa fière tournure et à la couleur ambitieuse de la double écharpe dont il aime à ceindre ses flancs. Tout est flamboyant, éclatant, bruyant et voyant dans cet astre, qui chérit l'apparat comme le cheval de sang. » Vous voyez, mon ami, tout à l'heure tout était sombre et horrible sur Saturne ; à présent tout y est *voyant, bruyant, éclatant, flamboyant*. Faites votre choix. C'est la même planète, c'est la même grotesque assurance, il n'y a de différence qu'entre les époques ; vous avez à opter entre le quatorzième siècle et le dix-neuvième.

M. Deschamps. — Je demeure confondu ! Comment, vous ne plaisantez pas ?

Le vieil ami. — Si fait, je plaisante ; mais encore une

fois, mes citations sont exactes. Eh bien, qu'en dites-vous ?

Mme Deschamps. — Pour moi, Monsieur, qui vous crois sur parole, je dis qu'elles sont fort divertissantes. Vraiment, on ne se figure pas que des gens doués de quelque raison aient pu jamais avancer sérieusement de telles extravagances. On ne les passerait pas à l'Arioste, à Cyrano de Bergerac ; mais des hommes à grandes vues, à grandes idées, comme Ch. Fourier et ses disciples, est-ce bien possible ?

Le vieil ami. — Tout est possible, Madame, à l'esprit de système. Pour échapper au danger de l'utopie dans ces questions délicates et obscures, il n'y a d'autre préservatif que de se renfermer scrupuleusement dans l'étroit domaine des faits, et d'y assurer chacun de ses pas à la lumière de la saine raison.

M. Deschamps. — Je partage entièrement votre avis, cher Monsieur, et c'est la conviction où je suis que vous avez été fidèle dans vos recherches à cette grande loi de toute bonne philosophie, qui me rend si impatient d'en connaître enfin le résultat. Qu'avez-vous donc trouvé de sensé, de raisonnable sur le compte de ces populations inconnues des espaces célestes ?

Le vieil ami. — J'ai trouvé d'abord, ce que vous admettrez facilement, je pense, j'ai trouvé que les habitants des mondes astronomiques, quels qu'ils soient, ont une organisation de tous points appropriée au milieu pour lequel ils ont été créés. Ces milieux varient infiniment, comme la science le démontre, les organisations doivent également varier à l'infini et donner lieu à des combinaisons dont nous ne pouvons nous faire aucune idée ; mais ce qui est pour moi au-dessus de toute certitude, c'est que ces combinaisons, ces organisations diverses sont en aussi parfaite harmonie avec les mondes pour lesquels elles ont été conçues, que l'organisation humaine est en harmonie avec notre atmosphère, notre surface minérale, nos végétaux, et le reste. *Il y a de la logique dans tout,* comme dirait Leybniz.

M. Deschamps. — Excepté quelquefois dans nos pauvres cervelles.

Le vieil ami. — J'en conviens; mais en Dieu, qui est l'être sensé et raisonnable par excellence, et dans les œuvres immédiatement sorties de ses mains, tout est soumis aux lois de l'ordre suprême, tout s'accorde, tout se lie et s'enchaîne dans une admirable unité. Vous pouvez donc être sûr que, s'il y a des habitants dans le monde sidéral, ce sont des êtres essentiellement rationnels, dont les moindres organes concourent à former un ensemble harmonieux, et dont l'existence tout entière est en relations parfaites avec le séjour qui leur est affecté. De sorte que ceux de Jupiter, par exemple, avec leurs années de douze ans, leurs jours et leurs nuits de cinq heures, leurs saisons à peine sensibles, grâce au peu d'obliquité de leur axe, sont certainement constitués, corps et âmes, de manière à trouver tout à fait convenables et naturels ces petits jours, ces longues années, ces perpétuels printemps, cette demi-lumière, cette faible chaleur, auxquels nous ne pourrions jamais nous accoutumer; tout comme eux, de leur côté, périraient immanquablement s'ils étaient transportés sans modifications sur notre globe terrestre, mi-brûlant, mi-glacé, avec ses jours de vingt-quatre heures et ses années de douze mois, sous l'action d'un soleil vingt fois plus gros que celui qui les éclairait là-bas. Nous ne pourrions pas vivre chez eux, ils ne pourraient pas vivre chez nous; mais ils sont aussi parfaitement conformés pour leur planète que nous sommes évidemment conformés pour la nôtre, et il en est ainsi de tous les êtres, animaux ou végétaux, substances minérales ou autres, qui composent, ornent ou animent leurs planètes respectives. Ne trouvez-vous pas, au reste, que c'est là tout simplement de la science de sens commun, et qu'il n'est pas possible que les choses soient autrement?

.M. DESCHAMPS. — Tout à fait. Votre raisonnement est celui de Cuvier, qui, après examen d'un simple fragment de mâchoire fossile, déclara que cet os avait dû appartenir à une espèce perdue, de tel genre, de telle famille, ce qui fut vérifié ensuite par la découverte de l'animal entier : tant les créations de Dieu sont logiques, comme vous disiez tout à l'heure, tant l'harmonie est la grande loi du monde !

LE VIEIL AMI. — Vous tenez donc pour certain, comme moi, que les habitants des sphères célestes sont des êtres rationnels, non des assemblages bizarres d'éléments incohérents, des monstres, des chimères, des impossibilités, et vous admettez en outre que ces êtres de bon sens sont en parfaite harmonie avec le globe qu'ils habitent et avec le rôle qu'ils y jouent; eh bien, voici encore une autre certitude que je proposerai à votre bonne foi, et qui ne compromettra pas, je l'espère, votre juste réputation de philosophe chrétien.

M. DESCHAMPS. — J'écoute.

LE VIEIL AMI. — Jusqu'ici nous avons implicitement supposé dans le monde sidéral, non-seulement des êtres vivants quelconques, mais aussi et surtout des êtres doués de la vie morale, de la raison, de la liberté, capables, encore une fois, comme dit le père Félix, de connaître, d'aimer et de glorifier le créateur. C'est bien ainsi, je pense, que vous l'avez entendu, et cette doctrine d'ailleurs faisait partie de ma thèse dans le dialogue auquel vous faisiez allusion tout à l'heure. Eh bien, mon ami, creusez cette idée, approfondissez-la, et tirez-en toutes ses conséquences. Ou je me trompe fort, ou vous ne tarderez pas à être frappé du magnifique et tout divin ensemble que cette simple idée porte dans ses flancs.

M. Deschamps. — Je ne vous comprends pas encore.

Le vieil ami. — C'est trop nouveau pour vous, mais quand vous y aurez pensé mûrement, vous y verrez ces natures étranges, si diverses d'organisation, si prodigieusement variées dans leurs modes d'existence, s'accorder toutes, comme par enchantement, dans leur conception du beau, dans leur sentiment du vrai, dans leur appréciation du bien. « Toutes les âmes humaines créées, dit M. Flammarion dans une belle étude sur ce sujet, qu'elles habitent la terre ou d'autres séjours, sont réunies par les mêmes principes irréductibles de beauté idéale ; car ces principes possèdent les caractères de l'absolu et de l'universel. Le principe du beau constitue, avec ceux du vrai et du bien absolu, le lien moral qui rattache à l'intelligence première toutes les intelligences créées..... Unité suprême qui résume en soi la parfaite beauté, la parfaite vérité et le vrai bien, Être infini auquel sont rattachées toutes les âmes de tous les mondes par les principes universels, Être sublime qui occupe le sommet de la perfection, ou pour mieux dire, qui est la perfection même, et vers lequel la destinée de toute âme humaine est de s'élever sans cesse. » Il y a donc, mon ami, dans ce fourmillement d'existences diversifiées à l'infini, un lien commun, une loi commune, un accord sublime. Toutes elles raisonnent d'après les mêmes règles invariables, toutes elles se font la même idée précise du juste et de l'injuste, toutes elles possèdent la même notion abstraite du beau. Il n'y a dans toutes les parties les plus reculées de l'univers qu'une raison, qu'une conscience et qu'un idéal de la beauté, parce que ces choses sont d'essence divine, absolues, universelles et éternelles comme Dieu, et je dis que c'est là une seconde certitude, devant laquelle vous ne pouvez pas plus hésiter que vous n'hésitez devant le dogme fondamental de l'existence et de l'infinie perfection du Créateur.

M. DESCHAMPS. — Je ne vois en effet aucun moyen d'en douter. C'est de ces choses auxquelles on n'a jamais eu l'occasion de penser, et qui, lorsqu'elles se présentent, apparaissent cependant si claires et si évidentes, qu'on s'imagine n'avoir jamais cru autre chose.

Mᵐᵉ DESCHAMPS. — Vous croyez donc, Monsieur, que les habitants de Mars ou de Jupiter raisonnent comme nous, d'après les mêmes règles et les mêmes principes ?

LE VIEIL AMI. — C'est absolument, Madame, comme si vous me demandiez si je crois que ces gens-là disent deux et deux font cinq, ou la somme des trois angles d'un triangle est égale à quatre angles droits. Il en est de la logique comme de la géométrie, et vous pouvez ajouter comme de l'esthétique et de la morale. Du reste, entendons-nous bien ; je ne prétends pas que les populations célestes, toutes célestes qu'elles sont, possèdent au même degré le sentiment du vrai, du beau et du bien ; ma pensée, au contraire, est que chez nos frères du ciel, comme chez nos frères de la terre, ce sentiment est singulièrement gradué et nuancé. « Sur les mondes, dit encore M. Flammarion, où les principes absolus de justice et de vérité qui sont en Dieu règnent sans partage, les âmes ont laborieusement parcouru l'immense série des épreuves ; elles se sont affranchies de toutes les influences de la matière, elles se sont approchées de la perfection dernière et resplendissent au sein de l'auréole divine. Là rayonne une nature toute belle, une vie sans ombre, un peuple sans tache ; là repose l'esprit de Dieu enveloppant tous les

êtres, comme la pure lumière qui tombe du ciel oriental.
— Sur les mondes moins élevés, ces principes de justice
et de vérité ne règnent pas encore en souverains; ils ne
sont pas compris dans toute leur grandeur, ni pratiqués
dans toute leur étendue; ils ne sont pas l'unique boussole
que les hommes consultent dans leur ascension vers le
bonheur auquel ils aspirent. — A mesure qu'on descend
dans la hiérarchie des mondes, on reconnaît que ces principes sont de plus en plus voilés par la prédominance de
la matière; et sur les mondes inférieurs où les créatures
morales se sont à peine avancées de quelques pas dans la
voie de la perfection, les tendances primitives de l'animalité
dominent et ne laissent point éclore les affections de l'âme.
C'est en grand ce qui se manifeste en petit dans notre
humble séjour. » Telle est, Madame, ma propre conviction ;
M. Flammarion n'a fait que l'exprimer beaucoup mieux
que je n'aurais pu l'exprimer moi-même. Les mondes,
on ne peut guère en douter, sont à des degrés divers de
développement physique et astronomique, à plus forte
raison les populations qu'ils portent sont-elles à des degrés
divers de culture et de développement moral. La source
dans laquelle elles puisent la vie de la raison et la vie de
la conscience, est la même pour toutes; mais les unes s'y
abreuvent et s'y plongent avec délices, tandis que pour les
autres elle coule à peine goutte à goutte. Il ne serait pas
impossible que quelques-unes ne se fussent pas encore
élevées à savoir combien font deux et deux, et à quelle
quantité est égale la somme des trois angles d'un triangle;
mais soyez sûre que du jour où leur esprit aura commencé
de s'ouvrir aux abstractions mathématiques, elles affir-
meront, comme nous, que deux et deux font quatre, et
que les trois angles d'un triangle équivalent ensemble à deux
angles droits. Et il en sera ainsi de toutes les vérités essen-

tielles sur lesquelles repose la connaissance du monde créé et du monde incréé. Les principes universels et éternels du vrai, du beau et du bien sont le patrimoine commun de tous les êtres intelligents et libres qu'il a plu à Dieu de disséminer et de grouper dans l'immensité de la création. C'est par là qu'ils se ressemblent tous, malgré la diversité infinie de leurs manières d'être, comme c'est par leur divine origine qu'ils sont frères et qu'ils forment la famille universelle dont Dieu est le père commun. Je n'ai pas besoin, Monsieur et Madame, de vous faire remarquer combien ces vues sont à la fois grandes et simples; leur simplicité même empêchera peut-être quelques esprits distraits d'en apprécier la valeur; les vérités de sens communs sont souvent celles qui frappent le moins d'abord et qui mettent le plus de temps à faire leur chemin. Vous conviendrez cependant que celles-ci valent bien les bergeries de Swedenborg ou les galanteries de Bernardin de Saint-Pierre, voire même la planète cardinale d'ambition de Ch. Fourier.

M. Deschamps. — Ce serait peu dire. Des conceptions si pures, si religieuses, n'ont rien de commun avec ces débauches d'imagination, auxquelles leurs auteurs eux-mêmes ne croyaient pas. Laissons donc là Fourier, Swedenborg, Corneille Agrippa et tous les rêveurs des temps anciens et des temps modernes, pour revenir aux saines données du sentiment et de la raison, qui ont constitué le génie de tous les temps. Je vois avec bonheur votre majestueuse unité rallier toutes les populations de l'univers, et les fondre, comme vous dites, en une seule immense famille, qui les rend toutes sœurs les unes des autres sous la loi paternelle de leur divin et commun auteur. Cette idée est aussi magnifique qu'elle parait juste et vraie, et l'on est d'autant plus heureux d'y croire, qu'elle se classe, quoi qu'on fasse, parmi les vérités essentielles qui ne peuvent pas ne pas être.

LE VIEIL AMI. — Je suis heureux moi-même de vous la voir si pleinement accepter, parce qu'elle vous sera un foyer de lumière pour résoudre nombre de questions élevées. L'idée que vous vous êtes faite de Dieu jusqu'ici grandira et resplendira de plus en plus, à mesure que vous pénétrerez dans ces sublimes profondeurs. L'univers ne sera plus pour vous, à l'exception du globule que nous habitons, un désert vide et muet, sans objet et sans signification ; il manifestera la vie de toutes parts, il sera animé par l'intelligence et par l'amour. Dieu y sera partout connu, aimé, servi ; vous le sentirez tout entier peuplé d'âmes, au lieu de le sentir peuplé seulement de brasiers et de rochers. Bien plus, vous comprendrez que, parmi cette foule de natures morales élevées à tous les degrés imaginables de perfection, il y en a, il doit nécessairement y en avoir, comme dit M. Flammarion, qui réalisent le plus céleste idéal, qui font par conséquent, si l'on ose parler ainsi, la gloire et la félicité de Dieu même. Dites-moi, mon bon ami, ne sera-ce pas pour votre âme émue, dans les meilleurs moments de vos meilleurs jours, un inépuisable sujet de pensées consolantes et de généreux transports ? « Cela est vrai, dit votre Père Gratry dans un de *ces heureux moments,* cela est vrai, nous sommes une assemblée. Votre foi me l'enseigne, ô mon Dieu ! et mon cœur me le dit. Qu'est-ce que votre création, sinon *une pluralité d'âmes destinées à l'amour ?* » Et il a raison mille fois, le saint et savant homme ; nous sommes en effet, d'un bout à l'autre de l'univers, une pluralité d'âmes destinées à aimer et à être aimées. Ne croyez-vous pas cela ? Ou plutôt, croyez-vous quelque chose de plus beau, de plus ravissant ?

M. Deschamps. — Non, je l'avoue, je ne connais rien que j'y puisse comparer. Excellent ami ! Votre enthousiasme me gagne, et je lis dans les yeux de ma femme qu'elle partage mon entraînement. S'il est doux, en effet, de voir s'accroître sur la terre le nombre toujours trop petit des vrais adorateurs de Dieu, combien ne doit-il pas l'être de voir sa tout aimable sainteté connue et adorée dans toute l'étendue de la création ? Oh ! je vous remercie, mon bien cher Monsieur, de nous avoir communiqué vos pensées sur ce beau sujet, et de nous avoir ouvert sur le monde de si éblouissantes perspectives. Avec quel respect dorénavant je vais regarder les étoiles !

Le vieil ami. — Vous vous direz : La vie est là, non la vie matérielle seulement, mais la vie intellectuelle et la vie morale. Ce n'est pas uniquement un feu lointain que j'aperçois, c'est une innombrable assemblée d'âmes groupées autour de ce radieux foyer. Là règnent la raison et la liberté ; là s'enlacent le bien et le mal ; là se croisent l'observation et la violation de la loi divine ; là conséquemment, à côté des lâchetés de la faiblesse, brillent les combats et les triomphes de la vertu ; à côté des endurcissements de la perversité, les généreuses larmes du repentir et les glorieuses réhabilitations de la pénitence. Et sous l'impression de ces invisibles certitudes, vous sentirez palpiter jusque dans les dernières profondeurs de l'espace, la même vie qui s'agite à la surface de notre globe, cette vie des âmes libres destinées à l'amour et au bonheur, qui fait notre noblesse et nous rend participants de l'éternelle beauté. Vous sentirez partout la bonté, la sainteté, l'élan vers le bien, vers le mieux, vers la perfection, la création tout entière montant librement vers Dieu, sa glorieuse et universelle fin. Vos nuits seront plus belles que vos jours.

M. Deschamps. — Si toutes ressemblaient à celle-ci, que vous semblez vouloir nous faire passer dans la contemplation de toutes ces merveilles, il en serait ainsi assurément. Mais, outre que les étoiles paraissent peu disposées ce soir à répondre à nos sympathies, et qu'elles se dérobent obstinément sous l'épaisse couche de nuages orageux auxquels nous devons le bonheur de vous posséder, nous avons trop d'intérêt à vous ménager pour abuser davantage de votre indulgente amitié. Je vais vous conduire à votre chambre. Merci encore une fois, merci du fond du cœur, pour les bons moments que vous nous avez fait passer ; nous en garderons un long et cher souvenir.

Mme Deschamps. — Merci pour moi également, cher Monsieur ; car, moi aussi, j'ai pris ma petite part de cet intéressant entretien. Je ne vous ai pas toujours suivi, assurément, comme mon mari a pu le faire ; mais j'ai senti au fond de mon cœur, durant que vous parliez, quelque chose de cet élan vers le bien, vers le *mieux*, que ressentait votre nièce en vous écoutant. Heureux si, comme elle, j'en gardais un ferme désir de devenir *toujours meilleure !* L'astronomie, la géologie, et toutes les plus belles sciences du monde ne vaudraient guère la peine qu'elles donnent si elles n'aboutissaient pas à cette inestimable fin. Tout bien pesé, rien n'a de prix que ce qui mène à Dieu.